Walter Thirring

Kosmische Impressionen

Walter Thirring

Kosmische Impressionen

Gottes Spuren
in den Naturgesetzen

Seifert Verlag

Meiner Frau gewidmet
für den langen gemeinsamen Weg

Umwelthinweis:

Dieses Buch und der Schutzumschlag wurden auf chlorfrei
gebleichtem Papier gedruckt. Die Einschrumpffolie – zum Schutz
vor Verschmutzung – ist aus umweltverträglichem und
recyclingfähigem PE-Material.

1. Auflage
Copyright © 2008 by Seifert Verlag GmbH., Wien

Umschlaggestaltung: Rubik Creative Supervision
Verlagslogo: Padhi Frieberger
Druck und Bindung: CPI Moravia Books GmbH., Austria
ISBN: 978-3-902406-54-5
Printed in Austria

Inhalt

Zum Geleit

Gerne entspreche ich dem Vorschlag des Verlages, dem vorliegenden Buch Professor Thirrings, dem früheren Direktor des Wiener Universitäts-Institutes für theoretische Physik, das sich mit den Spuren Gottes in der Schöpfung beschäftigt, einen Hinweis auf die Aktualität eines solchen Themas mitzugeben.

Die spannungsreiche Geschichte in Bezug auf das Verhältnis von Naturwissenschaft und religiösem Weltbild ist, so scheint es, nach einer langen Periode des Gegensatzes seit der Aufklärung in verschiedener Hinsicht wieder in Bewegung geraten. Der religiöse Pluralismus unserer einswerdenden Welt spürt wieder deutlicher als früher, dass Religion, alle Religionen in der Geschichte, eine Antwort suchen auf die ungelösten Rätsel des menschlichen Daseins: Woher komme ich? Wohin gehe ich? Und welchen Sinn hat mein Leben? Welches ist jenes letzte Geheimnis unserer Existenz, aus dem wir kommen und wohin wir gehen?

Der ursprünglich aus der Schule Sigmund Freuds kommende Viktor Frankl hat mit seiner bekannten Logotherapie die Frage nach dem Sinn des Lebens in unserer Zeit neu gestellt. Eine Antwort auf solche Fragen ist nicht identisch mit einer Antwort auf die Gottesfrage, sondern führt, wie Frankl selber meint, in ihre Nähe. Eine Geschichte der Religionen der Menschheit, eine vergleichende Religionswissenschaft mit einer Fülle neuer Erkenntnisse hat mit aller Deutlichkeit festgestellt, dass es in einer Geschichte der Menschheit kein Volk, keinen Volksstamm welcher Art immer, ohne religiöse Fragen und Rituale gegeben hat. Auch das ist ein Hinweis, dass heute jedes deterministische Weltbild, das auf Grund der Evolution unangreifbar zu sein schien, seine Überzeugungskraft verliert. Daher die Feststellung des Nobelpreisträgers und Leiters des Europäischen Forschungszentrums für Atomwissenschaft, CERN, Carlo Rubbia, in einem Interview der Neuen Zürcher Zeitung (März 1993): „Als Forscher bin ich tief beeindruckt durch die Ordnung und die Schönheit, die ich im Kosmos finde, sowie im Inneren der materiellen Dinge. Und als Beobachter der Natur kann ich den Gedanken nicht zurückweisen, dass hier eine höhere Ordnung der Dinge im Voraus existiert. ... Es ist hier eine Intelligenz auf einer höheren Ebene vorgegeben, jenseits der Existenz des Universums selbst."

Der frühere Gegensatz von Religion und Naturwissenschaft scheint hier nicht mehr im ursprünglichen Sinn gegeben zu sein. Neue Zusammenhänge und Orientierungen tauchen auf. Dies zeigt sich deutlich in einem, leider nur in Amerika veröffentlichten Buch: „Cosmos, Bios, Theos", wo eine Reihe von international bekannten Vertretern der Astronomie, Physik und Mathematik, darunter zwanzig Nobelpreisträger, befragt werden zu ihrem persönlichen Verhältnis zu Religion und Glaube. Die Antworten der Befragten werden in diesem Buch veröffentlicht, und unter diesen Antworten findet sich auch die des Autors unseres Buches. Er meint, in der bisher unangreifbaren These der Evolution jetzt eine geheimnisvolle Führung durch die Hand Gottes erspüren zu können.

Die bunte Reihe der persönlichen Antworten und Kurzkommentare bezeugt jedenfalls, dass neue Einsichten und Erkenntnisse und damit neue Orientierungen im Entstehen sind. Diesem Anliegen wendet sich auch das vorliegende Buch mit besonderem Nachdruck zu.

Ich freue mich, dass Prof. Thirring damit einen neuen Beitrag vorlegt, um den Dialog zwischen religiösem christlichem Glauben und den Naturwissenschaften im Interesse einer wahrhaft humanen Entwicklung auf seine Weise weiterzuführen. In diesem Sinn meinte Albert Einstein, als vor mehr als 50 Jahren der Abwurf der Atombombe die Welt in Schrecken versetzte: Die Atombombe hat die Welt verändert, und damit alles, nur nicht unser Denken. Letzteres aber müsse sich ändern, wenn die Menschhcit überleben will.

Kardinal Franz König

Vorwort

Die in diesem Buch zu Papier gebrachten Gedanken fließen aus verschiedenen Quellen.

Ich hatte das Glück, den großen Baumeistern des wissenschaftlichen Weltbilds, wie Einstein, Heisenberg, Schrödinger, Pauli und vielen mehr, nicht nur zu begegnen, sondern durch Diskussionen auch ihre Gedankenwelt kennen zu lernen. Ich möchte dies überliefern, allerdings nicht um diese Denker weiter zu glorifizieren, sondern sie so darstellen, wie sie in meiner Erinnerung leben, mit all ihrer Faszination und ihren Eigenarten.

Mich hatte immer schon der wunderbare Bauplan des Kosmos mit Ehrfurcht erfüllt. Allerdings ist er in der Sprache der Mathematik festgelegt und den meisten Menschen nicht zugänglich. Die großen Konturen lassen sich aber schon durch Überschlagsrechnungen erahnen und bieten ein prächtiges Panorama. In vielen Vorlesungen habe ich versucht, diese Überlegungen zu vermitteln und wurde immer gedrängt, sie einem breiteren Kreis zu eröffnen. Daher strebe ich in diesem Buch an, dieses Bild zu zeichnen, ohne die meisten Leser zu überfordern, auch auf die Gefahr hin, manche durch zu viele Einzelheiten zu langweilen. Werden solche Überlegungen doch etwas mühsam, so habe ich, wenn mehr Formeln nötig sind, diese Stellen aus dem Text genommen und in Anhängen gesammelt. Der Leser kann sie natürlich weglassen, und muss dann die angegebenen Zahlen und Fakten glauben. Den Text will ich nicht mit genauen Zahlen überfrachten. Wenn ein Leser nachrechnet, muss er immer bedenken, dass ich auf die nächste Zehnerpotenz auf- oder abrunde. Zusätzlich sind Zeichen und Begriffe auch am Ende des Buches erklärt. Die Ergebnisse der Quantentheorie in der Alltagssprache logisch auszudrücken ist unmöglich. Wenn der Leser diesen Argumenten manchmal nicht folgen kann, so liegt das nicht an ihm.

Schließlich führen Gedanken über die Schöpfung auch zum Schöpfer. Das zu hören mag manchen Leser verwundern, denn vielfach trifft man auf die Meinung, die Naturwissenschaft führe zum Atheismus. Diese Meinung kann ich nicht teilen, ich finde sie sogar etwas absurd. Wenn wir von einem wunderbaren Bauwerk, einer Kathedrale oder einer Moschee ergriffen sind und endlich erfasst haben, was die herrlichen Proportionen ausmacht, wer würde dann sagen: „Jetzt brauchen wir den Architekten nicht mehr, den gibt es vielleicht gar nicht, das alles kann nur ein Produkt des Zufalls sein." Aber was können wir über Ehrfurcht hinaus folgern? Weitergehenden theologischen Spekulationen kann ich nicht folgen, teilweise finde ich sie blasphemisch. Wie können wir uns anmaßen, Gott in unserem logischen Gespinst einzufangen? Mich persönlich berühren nur einfache Aussagen, wie die Gleichnisse oder die sieben Bitten des Vaterunsers im Neuen Testament. Deswegen wird der Leser in diesem Buch keinen Gottesbeweis finden. Jede Beweisführung setzt gewisse logische Regeln voraus. Wer wagt es aber, Gott die Spielregeln zu diktieren, nach denen er sich manifestieren muss? Ich will daher nicht sagen, die Ordnung des Kosmos beweist die Existenz Gottes. Ich bevorzuge die Formulierung des

von Ludwig van Beethoven so herrlich vertonten Psalms
Davids:

Die Himmel rühmen des Ewigen Ehre.

Es erübrigt sich zu betonen, dass alle meine Betrachtungen
aus der Sicht der heutigen Naturwissenschaft geschehen.
Natürlich kann man immer sagen, man wird einmal anders und besser verstehen. Dies ist zwar richtig, aber im
Augenblick irrelevant. Wir müssen betrachten, was uns
jetzt gegeben ist, und das ist schon überwältigend.

In den letzten Jahrzehnten haben sich uns neue Welten
enthüllt, von denen unsere großen Meister nicht einmal
hätten träumen können. Das Panorama der kosmischen
Evolution ermöglicht jetzt tiefe Einsichten in den Kon-
struktionsplan der Schöpfung. Darüber möchte ich in diesem Buch berichten und hoffe meine Begeisterung auf den
Leser zu übertragen. Obgleich alles nach gewissen Grund-
gesetzen verläuft, entscheiden in allen Entwicklungsstufen
der Evolution Zufälle und leiten sie so, dass der Kosmos
schließlich durch den menschlichen Geist gekrönt wird.
Der Mensch erkennt dann den Bauplan, versteht also die
Sprache des Schöpfers und erhebt sich zu seinem Ebenbild.
Diese Erkenntnisse machen die Naturwissenschaften nicht
zu Widersachern von Religion, sondern glorifizieren die
Genesis der Bibel.

1 Wie die Welt auf die Welt kam

1.1 Die Genesis

Welche Leitgedanken der Bibel werden durch unser heutiges Wissen bestätigt?

Am Anfang schuf Gott Himmel und Erde. Und die Erde war wüst und leer, und es war finster auf der Tiefe, und der Geist Gottes schwebte auf dem Wasser.

Und Gott sprach: Es werde Licht. Und es ward Licht. (Moses 1.1.1-3)

Diese Zeilen haben das Denken der westlichen Menschen geprägt und Künstler und Musiker zu herrlichen Werken inspiriert. Die Frage, woher denn alles kommt, hat die Völker stets beschäftigt, und sie alle haben ihre eigenen Mythologien entwickelt. Jedoch waren der Menschheit bis vor kurzem direkte empirische Erkenntnisse verwehrt, und der Phantasie war Tür und Tor geöffnet. So wurde der Kosmos in den verschiedenen Vorstellungswelten von einer Unzahl von Göttern, Helden und allerlei Ungeziefer bevölkert. Manches war schwierig zu deuten, manches waren ganz konkrete Vorstellungen, wie in östlichen Mythologien, wo ein Elefant auf einer Schildkröte steht oder umgekehrt. Über die Bedeutung und den Wahrheitsgehalt solcher Aussagen wurde viel spekuliert. Ein Wissenschaftler, der gedrillt wurde, nur Beweisbares zu akzeptieren, tut sich dabei natürlich schwer. Wolfgang Pauli pflegte über Aussag, die weder beweisbar noch widerlegbar waren, zu sagen: *„Das ist nicht einmal falsch, sondern reiner Unsinn."*

So konnte es nicht ausbleiben, dass auch Kritik an der Genesis laut wurde und manche Widersprüche zwischen ihren Aussagen und den wissenschaftlichen Erkenntnissen sogar zu Zweifel an der Bibel überhaupt führten. Bevor wir jedoch manche wissenschaftliche Korrekturen und Verfeinerungen besprechen, müssen wir zuerst die Fragestellung selbst in das rechte Licht rücken.

Alles kann auf verschiedenen Ebenen beschrieben werden: wir können uns entweder auf das Wesentliche konzentrieren und manche Details ungenau oder sogar falsch skizzieren; oder Einzelheiten ausführen, die erst auf einer anderen Ebene wichtig werden, dabei aber die zentralen Aussagen aus dem Auge verlieren. Dies gilt in allen Bereichen, auch in der Naturwissenschaft. Wenn etwa die Chemiker zu Wasser *Ha-zwei-O* sagen oder H_2O schreiben, dann geben sie das wesentliche Charakteristikum von Wasser an, nämlich, dass es aus Molekülen von zwei Wasserstoffatomen und einem Sauerstoffatom besteht. Viele Details sind aber dadurch nicht geklärt, etwa wie sich die Atome zu einem Molekül verbinden, die Bedeutung der Striche in der Strukturformel, in welchem Winkel die Atome zueinander stehen usw. Ja, als Physiker müsste man sogar sagen, so eine Wortwahl ist überhaupt nicht angebracht. Für eine genaue Beschreibung muss man die Schrödingergleichung für zehn Elektronen im Kraftfeld von zwei Protonen (= Wasserstoffkern) und einem Sauerstoffkern lösen. Leider übersteigt letzteres die Kapazitäten sogar unserer heutigen Computer. Was aber der Ingenieur wissen möchte, nämlich wie er Wasserstoff (H_2) und Sauerstoff (O_2) mischen muss, damit bei der Knallgasreaktion die Gase vollständig verbrennen, wird durch diese Feinheiten nicht berührt. Ihm genügt zu wissen, er muss die Substanzen im Verhältnis 2 : 1 in der Zahl der Moleküle mischen. Die Bedeutung der Genesis ist im Licht des eben Gesagten zu sehen. Sie dürfte zur Zeit der Babylonischen Gefangenschaft der Juden verfasst worden sein und hat eine ganz klare Botschaft. Sie will den Juden sagen, dass ihr Gott schon die Welt erschaffen hat und seither stets bei ihnen ist. Alle naturwissenschaftlichen Details sind damals nicht zur Verfügung gestanden, sie hätten auch von dem zentralen Punkt abgelenkt. Die Erschaffung der Welt durch einen Gott ist ein wesentlicher Schritt im menschlichen Denken, denn sie führt zum strikten Monotheismus. Der besagt nicht nur, dass jedes Volk nur einen Gott haben soll, sondern es gibt auf der ganzen Welt nur einen wahren Gott. Leider wurde früher neben der Schöpfung auch das Beiwerk der Bibel wörtlich genommen, welches den Vorstellungen der damaligen Zeit entsprach. Dieses Missverständnis hat zu einem großen Schaden in der westlichen Geistesentwicklung geführt. Mancher eigenständige Denker wurde verfolgt oder sogar auf den Scheiterhaufen gebracht, und die Religion büßte an Glaubwürdigkeit ein. Trotz allem ist es bemerkenswert, dass es viele Entsprechungen zwischen Aussagen der Genesis und dem heutigen naturwissenschaftlichen Weltbild gibt. Ich will daher am Ende dieses Kapitels eine physikalische Untermalung des Bibeltextes geben, was mir bei anderen Mythologien schwer fallen würde. In einem gewissen Sinn wurde die Botschaft der Genesis von der

Allmacht Jahwes sogar folgendermaßen überbestätigt. Die Naturgesetze gelten nicht nur zwischen Babylon und Jerusalem, sondern, wie wir heute wissen, über Milliarden von Lichtjahren hinweg. So herrscht sogar in weit voneinander entfernten Gebieten dasselbe Gesetz, obgleich sie nie miteinander kommunizieren konnten, ohne die durch das Licht gegebene Grenzgeschwindigkeit zu verletzen. Jahwes Macht übersteigt die damaligen Vorstellungen bei weitem.

1.2 Alter und Größe der Welt

Im Kosmos sind zehn Milliarden Jahre die wesentliche Zeit; zehn Milliarden Lichtjahre die wesentliche Länge.

Die Architektur des Kosmos wird durch schwindelerregend große Zahlen bestimmt. Zunächst gilt es zu sehen, wie man solche handhaben kann. Wir schreiben sie am günstigsten als Zehnerpotenzen, etwa 10^6 für 1000000 = eine Million, der Exponent gibt immer die Zahl der Nullen an. Um den Fluss des Textes nicht zu unterbrechen, verschieben wir eine genauere Gebrauchsanweisung auf Anhang B. Zunächst wollen wir nur so Wortungetüme wie eine Million Million Millionen durch 10^{18} vereinfachen. Bei Multiplikation addieren sich die Exponenten und dadurch können wir die von uns benötigte Mathematik wieder auf das kleine Einmaleins reduzieren.

Um den Nutzen von Zehnerpotenzen zu sehen, wollen wir zum Aufwärmen die Zahl der Atome in einem Kubikmeter (m^3) abschätzen. Dazu drücken wir einmal die Größe verschiedener Objekte durch Zehnerpotenzen eines Meters (m) aus. Ein Atom ist etwa 10^{-10} m groß, daher finden auf einem Meter 10^{10} Atome nebeneinander Platz, und in einen m^3 passen somit $10^{10} \times 10^{10} \times 10^{10} = 10^{30}$ Atome. Jetzt wird der kritische Leser einwenden, dass sich das kaum so rund ausgehen wird. Um so einen trivialen Einwand zu vermeiden, wollen wir das $=$ bei Bedarf fallen lassen und verwenden im Weiteren folgende Zeichen:

$a \sim b$ $\qquad$ a ist etwa gleich b

$a > b$ $\qquad$ a ist um etliches größer als b

$a < b$ $\qquad$ a ist um etliches kleiner als b.

Natürlich könnte ein Pedant fragen, was „etwa gleich" oder „um etliches größer" genauer heißen soll. Darauf wird es uns aber nicht ankommen, und wir schreiben kühn: Zahl der Atome in einem m^3 fester Materie $\sim 10^{30}$. Nachdem wir die Scheu vor großen Zahlen überwunden haben, können wir uns ein einheitliches Maßsystem leisten und müssen dann nicht immer umrechnen. Welches Maßsystem wir wählen ist eigentlich gleichgültig; wir können uns der heutigen Vorschrift beugen und Längen in Metern (m), Massen in Kilogramm (kg) und Zeiten in Sekunden (s) messen. Wir wollen uns meistens daran halten (etwaige Beschwerden sind an die internationale Einheitenkommission zu richten), werden aber gelegentlich doch auf populäre Größen wie km zurückgreifen.

Kaum eine Zahl, die man aus der Bibel herauszulesen glaubte, hat zu so falschen Vorstellungen geführt wie die 6000 Jahre für das Alter der Welt. Die ablehnende Haltung der Kirche gegen manche wissenschaftliche Entwicklungen, wie die Darwin'sche Evolutions-Theorie, findet wohl hier ihren Ursprung. In so kurzer Zeit kann sich sicher kein Wurm zum Menschen entwickeln. Interpretieren wir aber die Abschnitte der Genesis als irdische Tage, so kommen

wir notgedrungen zu diesen 6000 Jahren. In den Evange-
lien von Matthäus und Lukas ist ja der Stammbaum von
Jesus (oder besser von Joseph) bis Abraham angegeben
und in der Genesis die Geschlechterfolge von Abraham bis
Adam. Geben wir dann noch die Woche der Genesis dazu,
kommen wir nicht auf mehr als ein paar Tausend Jahre,
auch wenn man das biblische Alter der Leute von damals
berücksichtigt. Die Zeitspanne von 6000 Jahren hatte in
der Entwicklung der Menschheit tatsächlich eine große
Bedeutung. Zu dieser Zeit blühten an den verschiedensten
Stellen der Erde Hochkulturen auf. Wohl deshalb, weil
man gelernt hatte, durch Schifffahrt auf weiten Flusssys-
temen große Gebiete zu erschließen. So gelang es, über
riesige Reiche Gesetze festzulegen, was das geregelte Zusammenleben großer Völker ermöglichte. Es war vor 6000
Jahren schon die Zeit der Schaffung von Gesetzen, aber
nicht der Naturgesetze am Beginn der Tage.

Die Vorstellung allen Anfangs vor 6000 Jahren hielt
sich hartnäckig, sie wurde etwa noch in einem Brief Richard Wagners erwähnt. Diese Zahl wurde dann von Lord
Kelvin am Ende des 19. Jahrhunderts um einen Faktor
1000 revidiert. Er glaubte zeigen zu können, dass die Sonne nicht älter als ein paar Millionen Jahre alt sei, denn
dann hätte der Sonnenschein die Gravitationsenergie der
Sonne aufgezehrt und sie wäre nur noch eine kalte leblose
Masse. Ich weiß nicht mehr, wie das Argument von Lord
Kelvin gegangen ist, aber ich weiß, wie es gehen sollte.
Ich hoffe, der Leser findet sich schon im Umgang mit Zehnerpotenzen zurecht, denn ich möchte ihn einladen, mit
mir dieses Argument in Anhang C zu rekonstruieren. Die
dabei gewonnenen Größen werden für das Weitere wichtig
sein.

Das Resultat von Lord Kelvin, ein Sonnenalter von nur einigen Millionen Jahren, war aber von naturwissenschaftlicher Seite ein Todesurteil für die Darwin'sche Evolutionstheorie, denn auch in einer Million Jahren kann aus einem Wurm kein Mensch werden. Nur der Wandel von einem höheren Affen zum Menschen dürfte sich in so einem Zeitraum vollzogen haben. Hier schien kein Ausweg möglich, und es wäre auch dabei geblieben, hätten nicht 1920 Sir Arthur Eddington und 1929 Robert Atkinson und Fritz Houtermans die Idee gehabt, dass die Kernenergie die Lebensdauer der Sterne um einen weiteren Faktor 1000 verlängern könne. Diese Energie war zu Zeiten Kelvins unbekannt. Ich war 7 Jahre Assistent und Mitarbeiter des in Wien geborenen Physikers Fritz Houtermans, der zweifelsohne ein interessanter Mann war. Ich persönlich verdanke ihm viel, weil er mir einen Job gab, als ich ein arbeitsloser Physiker war, und damit die Chance für eine wissenschaftliche Karriere. Auch war ich damals verlobt und durch die Stelle bei ihm in Bern konnten wir heiraten, Houtermans war unser Trauzeuge. Wenn ich ihn schildere, bin ich daher nicht ganz objektiv, aber ich möchte hier nicht weiter abschweifen und später mehr über ihn erzählen. Es sei nur angeführt, dass er, nachdem er 26-jährig diese weltbildprägende Idee hatte, in der Nacht mit seiner Freundin spazieren ging. Sie sagte: „Schau wie schön die Sterne funkeln", und er erwiderte: „Seit heute weiß ich, wieso sie immer noch funkeln".

Zur Zeit von Atkinson und Houtermans war die Kernphysik noch unterentwickelt oder besser gesagt nichtexistent. Ihre Arbeit war daher verfrüht und ging im Detail daneben. Aber dass so eine Energiequelle einer ganz anderen Größenordnung angezapft werden kann, geht schon aus einfachsten Fakten hervor. Die Gravitationsenergie, die Lord Kelvin betrachtete, beträgt so viel wie die eines Körpers, der durch die Schwerkraft auf die Sonne stürzt. Wir werden im nächsten Kapitel beim α-Zerfall sehen, dass im Atomkern die α-Teilchen (=Kern des Heliumatoms) mit der unvorstellbaren Geschwindigkeit von 30.000 km/s herumschwirren. Beim Sturz auf die Sonne aus großer Entfernung haben wir im Anhang C für die Fallgeschwindigkeit auf ihrer Oberfläche 300 km/s gefunden, also um 10^2 weniger als die Geschwindigkeit der α-Teilchen.

Die kinetische Energie steigt mit dem Quadrat der Geschwindigkeit, daher ist die Energie der Teilchen im Atomkern um einen Faktor 10^4 größer als die Gravitationsenergie der Teilchen in der Sonne. Genauso viel gewinnen wir durch die Kernkraft für die Energiereserve der Sonne und können den Sonnenschein für Milliarden von Jahren genießen, ohne dass der Sonne der Atem ausgeht.

Der kritische Leser wird bemerkt haben, dass dieses Argument zwar besagt, dass die Sonne so alt sein kann, aber nichts darüber, wann der Zeitpunkt ihrer Entstehung war. Aus dem schon erwähnten α-Zerfall lässt sich schließen, dass zumindest die Erde schon seit Milliarden Jahren besteht. Es gibt Elemente wie das Uran, deren Lebensdauer in dieser Größenordnung liegen, dann zerfallen sie. Wir müssen also nur bei den Lagerstätten von Uran nachschauen, wie viel sich dort von dem Zerfallsprodukt angesammelt hat. Daraus bekommt man den Zeitpunkt, seitdem die Zerfallsprodukte beim Uran blieben, also auf der Erdoberfläche geregelte Zustände herrschen. Diese Überlegung ergibt ein Alter der Erde von 4.5×10^9 Jahren.

Es gibt nun verschiedene Hinweise, die dafür sprechen,

dass auch das ganze Universum etwa 10^{10} Jahre alt ist, daher nur zwei bis dreimal so alt wie die Erde. Dabei wird noch gefeilscht, ob es jetzt 12 oder 15 Milliarden Jahre sind, aber für uns ist dies unerheblich. Ein Teil der Aussage der Genesis hat sich jedenfalls bestätigt, nämlich dass die Welt zu einer gewissen Zeit ihren Anfang genommen hat.

Nachdem wir uns zu einem Weltalter von 10^{10} Jahren durchgerungen haben, ist die Abschätzung der Größe des sichtbaren Universums leicht möglich. Es begann nämlich als Feuerball, der sich mit nahezu Lichtgeschwindigkeit ausdehnt. Seine Größe ist daher der Weg, den das Licht in 10^{10} Jahren zurücklegt, also 10^{10} Lichtjahre.

Woher wissen wir von der Expansion des Universums?

Durch einen Effekt, der von dem Salzburger Physiker Christian Doppler vor mehr als 150 Jahren erkannt wurde.

Hören wir einen Zug pfeifen, so klingt der Ton höher, wenn sich der Zug nähert, und tiefer, wenn er sich entfernt. Analoges gilt auch für Lichtquellen. Bewegen sie sich zum Beobachter, erscheinen sie ihm mehr bläulich, bewegen sie sich von ihm fort, werden sie rötlicher. Leuchtet das Licht bekannter Elemente von einem astronomischen Objekt rötlicher als normal, so wissen wir, dass es sich von uns wegbewegt, die Größe dieser „Rotverschiebung" gibt ihre Geschwindigkeit an. So sehen wir direkt am Himmel, wenn auch nicht mit den eigenen Augen, dass sich die Galaxien wie Splitter einer großen Explosion fortbewegen. Je weiter weg sie sind, also je schwächer sie leuchten, desto schneller fliehen sie.

Die so errechnete immense Zahl für den Weltradius,

nämlich: das Weltalter von $10^{17.5}$ Sekunden mal Ausdehnungsgeschwindigkeit $=10^{17.5}$ s × Lichtgeschwindigkeit $= 10^{26}$ m übersteigt unser Vorstellungsvermögen und sagt uns zunächst wenig. Die Größe des Universums wird anschaulicher, wenn wir seine Gliederung mit der von der Materie vergleichen.

Stellen wir uns das Universum wie ein Gas vor, in dem wir die Planetensysteme auf Atomgröße schrumpfen. Die Sterne wären die Kerne dieser Atome.

Der nächste Stern ist von der Sonne über ein Lichtjahr $\sim 10^{13}$ km entfernt, also 10^4 mal der Größe unseres Planetensystems. Bei einem Gas unter normalen Bedingungen ist der Abstand zwischen Atomen ungefähr 10 mal deren Durchmesser. In unserem Gedankenmodell erscheint das Firmament wie ein stark verdünntes Gas, mit einem Abstand der „Atome" voneinander gleich 10^4 mal Atomradius statt nur 10 mal.

Als nächst größere Struktur klumpen die Sterne zu Galaxien zusammen, die aber in der Analogie zum Gas nur ganz kleinen Tröpfchen entsprechen. Eine typische Galaxis hat ungefähr ein Volumen von:

Höhe × Breite × Länge $= 10^4 \times 10^5 \times 10^5$ (Lichtjahre)^3

und enthält daher bei einem mittleren Sternabstand von zehn Lichtjahren:

$(10^4/10) \times (10^5/10) \times (10^5/10) = 10^{3+4+4} = 10^{11}$ Sterne.

Nebeltröpfchen enthalten hingegen viel mehr Atome, vielleicht 10^{18}.

Der Abstand zwischen Galaxien ist grob 100 × ihre Höhe $\sim 10^6$ Lichtjahre. Da das Universum 10^{10} Lichtjahre groß ist, hätten in einer Richtung 10^4 und in allen 3 Richtungen zusammen $10^4 \times 10^4 \times 10^4 = 10^{12}$ Galaxien Platz. Durch bessere Teleskope wurde gefunden, dass das Universum im Großen eine Struktur wie ein Schwamm mit vielen Hohlräumen hat und es tatsächlich nur 10^{11} Galaxien $\sim 10^{22}$ Sterne gibt. Bei einem noch weiteren Überblick wirkt das Universum homogen (Abbildung 1.1). Damit sind wir aber schon am Ende, und in unserem Minimodell ist das sichtbare Universum eine Kugel mit 10 km Durchmesser. In ihr sind 10^{22} Atome eingefüllt, nur eine Löffelspitze Materie, weil ein Löffel voll Materie 10^{24} Atome enthält. In diesem Miniaturmodell schweben die Galaxien als 1cm große Tröpfchen in einem gegenseitigen Abstand von etwa 1 m. Also leben wir in ganz schön übersichtlichen Verhältnissen, nicht wahr?

1.3 Wo kommen denn die ganzen Energien her?

Die Schöpfung scheint jeden wissenschaftlichen Rahmen zu sprengen und ist doch mit den Naturgesetzen verträglich.

Der russische Emigrant Georg Gamow war einer der visionärsten Denker des 20. Jahrhunderts. Er wusste, seine Visionen waren zu seiner Zeit nur Spekulationen, und hat sie nicht als letzte Wahrheiten verkündet, sondern nur scherzhaft vorgebracht. Vielleicht wurde er deswegen nicht gleich ernst genommen, aber die Geschichte hat ihm meist recht gegeben. Wir haben schon unwissentlich seine Wege gekreuzt. Die Erkenntnis, dass die Sonnenenergie ursprünglich Kernenergie ist, beruht auf einem seiner Ergebnisse. Ich will einmal kurz skizzieren, worum es dabei

(a) Computermodell eines Ausschnittes von zufallsverteilten Galaxien.

(b) Die tatsächliche Galaxienverteilung wird durch die Gravitation etwas klumpiger.

(c) Ausschnitt eines mit dem Hubble Teleskop der NASA gewonnenen Bildes der fernsten Bereiche des Universums.

(d) Spiralgalaxie NGC 4603, aufgenommen mit dem Hubble Teleskop der NASA. Die Vergrößerung nimmt pro Bild jeweils etwa um einen Faktor 100 zu.

Abbildung 1.1: Ansichten des Weltalls in verschiedener Vergrößerung.

geht. Es war die Leistung von Atkinson und Houtermans, zu erkennen, dass gemäß der Quantentheorie das Feuer im Inneren der Sterne durch Kernreaktionen gespeist werden kann, obwohl es nach klassischen Vorstellungen (im Weiteren kurz „klassisch" genannt) unmöglich ist. Atomkerne sind nämlich alle elektrisch positiv geladen und gleiche Ladungen stoßen sich ab. Erst bei ganz kleinen Distanzen (10^{-15} m) kommen die anziehenden Kernkräfte ins Spiel, und die Kerne können aneinander haften. Bis dahin müssen sie den riesigen Wall der elektrischen Abstoßung überwinden und dafür reicht die Energie der lumpigen Million Grade, die wir in Anhang C abgeschätzt haben, bei weitem nicht aus. Wir haben ja gesehen, dass im Kern ganz andere Größenordnungen der Energie vorliegen. Nach der Quantentheorie kann aber manchmal doch das Wunder geschehen, dass ein Kern durch diesen Wall schlüpfen kann. Später werden wir sehen, dass Teilchen sogar aus dem Zustand der Nichtexistenz, die so genannten virtuellen Teilchen, doch manchmal wundersam ans Tageslicht kommen. Üblicherweise geschehen Wunder sehr selten, wie selten sie hier sind, hat aus der Quantentheorie Gamow zuerst berechnet. Diese winzige Wahrscheinlichkeit heißt heute Gamow Faktor. Wir werden diesem Gamow Faktor auch beim α-Zerfall begegnen, denn das α-Teilchen muss zuerst die anziehenden Kernkräfte überwinden, bevor es elektrisch herausgeschleudert wird. Klassisch wäre dies unmöglich, quantentheoretisch aber gelingt es nach unzähligen Versuchen doch. Wie oft das klappt, gibt ebenfalls der Gamow Faktor an, nur wirkt er beim α-Zerfall von der anderen (inneren) Seite. Im Stern gibt er an, wie oft Atomkerne trotz der elektrischen Abstoßung zusammentreffen, um unter großem Energiegewinn zu einem größeren Kern zu verschmelzen. Dies ist nach Atkinson und Houtermans die ergiebigste Quelle für die Energie der Sterne. Wir werden Gamov später als Totengräber der Sterne begegnen. Hier trat er uns als deren Energiespender entgegen, er hat uns die im Atomkern schlummernde Energie aufgedeckt.

Im Folgenden sollen unsere heutigen Vorstellungen über die Entstehung der Welt besprochen werden. Was allerdings innerhalb der ersten drei Minuten geschah, entzieht sich der direkten Beobachtung und bleibt Spekulation. Daher hat die in diesem Kapitel angebotene Ausführung nicht den Sicherheitsgrad anderer Kapitel. Dennoch wollen wir uns bis zum Urknall vorwagen, es geht uns ja nur darum, herauszuarbeiten, was aus heutiger naturwissenschaftlicher Sicht erklärbar erscheint. Vielleicht werden diese Vorstellungen einmal weiter revidiert. Folgendes dürfte aber Bestand haben: Schon ganz am Anfang haben Zufall und Notwendigkeit zusammengearbeitet, um die Welt so zu schaffen, wie sie jetzt ist.

Gamow schlug auch die Theorie des Urknalls vor. Laut dieser ist das Universum durch eine ungeheure Explosion in die Welt getreten, und davon sehen wir nur mehr die Bruchstücke wegfliegen. Vielen Physikern hat diese Vorstellung nicht gefallen, klang dies doch nach einem Kraftmeiergott, der plötzlich eine ungeheure Energie aus dem Nichts hervorzaubert.

Sie waren froh, als eine konkurrierende Theorie auf dem Markt erschien, die „steady state" Theorie. Nach ihr hat das Universum weder Anfang noch Ende, sondern zottelt immer nur so vor sich hin. Von kirchlicher Seite wurde Gamows Theorie begrüßt, Pius XII. hat sie fast kanonisiert. Von vatikanischen Würdenträgern wurde er dafür scheel angesehen; tatsächlich war damals die Evidenz für den Urknall eher mager. Im Laufe der Zeit hat sich allerdings herausgestellt, dass Pius XII. eine gute physikalische Intuition hatte, und heute sind die Indizien für den Urknall so dicht, dass kaum mehr jemand daran zweifelt. Die Theorie des Urknalls stützt sich auf drei Säulen:

I Der schon erwähnte Effekt der Rotverschiebung. Ihre Existenz hat sich durch eine ungeheure Vergrößerung und Verfeinerung des Beobachtungsmaterials weiter erhärtet.

II Der Blitz des Urknalls ist durch die Expansion des Universums zu einem schwachen Wetterleuchten degeneriert. Wir sehen es allerdings nicht mit dem bloßen Auge, denn es hat jetzt seine maximale Intensität nur mehr im Mikrowellenbereich. Die Radioastronomen können heute diesen Blitz nicht nur nachweisen, sondern das Spektrum der Strahlung mit höchster Genauigkeit vermessen. Dabei stellt sich heraus, dass, wie durch die Expansion zu erwarten, sein Licht auf 3 K (absolute Grade) abgekühlt ist. Es hat ein Spektrum wie das Licht in einem thermischen Gleichgewicht, das am Anfang der Welt in ihrer Schmiede geherrscht haben muss.

III Selbst wenn kurz nach dem Urknall nur die einfachsten Bestandteile der Materie, Elektronen und Protonen, entstanden, so waren doch die Temperaturen so gigantisch, dass Kernreaktionen eintreten mussten. Hier trat das erste Hindernis für die Entstehung der Elemente auf: zwei Protonen halten nicht zusammen, auch wenn man sie noch so fest aufeinander schießt. Zum Glück springen hier andere Teilchen ein. Ein Proton (P) kann virtuell, im Klartext auf Energiepump, in ein Neutron (N), ein Positron (e^+) und in ein Neutrino (ν) übergehen. Ist zufällig ein anderes Proton zur Stelle, kann das Neutron an diesem kleben bleiben, sie bilden ein Deuteron D (Atomkern:

P+N, schwerer Wasserstoff), und der Rest entweicht gemäß der Reaktion: $P+P\rightarrow D+e^+ + \nu$. Halten Protonen und Neutronen zusammen, kann man durch die entstandene Bindungsenergie die Energiezeche bezahlen und alles ist legitimiert. Wir sind zwar vom Wasserstoff noch nicht weggekommen, D ist ja ein Isotop des Wasserstoffs, aber zwei Deuteronen können ein weiteres Proton und Tritium T (Atomkern: P+2N, überschwerer Wasserstoff) bilden, was durch die Reaktion D+D=T+P geschieht. Sie ist möglich, denn der Atomkern des Tritiums enthält ein Proton und zwei Neutronen. Schematisch geschrieben ist die Reaktion: (P+N) + (P+N) geht über in (P+2N)+P, wobei sich die Anzahl der Protonen und Neutronen nicht ändert. Schließlich kann jetzt ein Heliumkern (α-Teilchen) erzeugt werden: D+T= α+N. Auch in dieser Reaktion bleibt der Proton- und Neutrongehalt gleich, (P+N)+(P+2N)$\rightarrow$ (2P+2N)+N, sodass sie ohne weitere Schwierigkeiten verläuft.

Man würde glauben, sich auf diese Weise durch das ganze periodische System der Elemente hinaufhangeln zu können, doch hat diese Leiter zwei weitere Lücken. Einerseits haftet ein Proton nicht an einem Heliumkern, andererseits halten zwei α-Teilchen nicht zusammen, denn der Berylliumkern ^8Be=(4P+4N) hat nur eine extrem kurze Lebensdauer, dann zerfällt er. Es müsste also sofort ein weiteres α-Teilchen zur Stelle sein, um den Kohlenstoffkern ^{12}C=3α zu erzeugen. Aber so viel Zeit gab es beim Urknall nicht, alles stob zu schnell auseinander. Die schwereren Elemente können erst in Sternen ausgebrütet werden, dort wird dann alles für Milliarden von Jahren zusammengehalten. Stimmt Gamows Theorie mit dem Urknall, dann sollte im Universum, wie aufwändige Rechnungen zeigen, unsere Materie etwa zu 3/4 aus Wasserstoff und zu 1/4 aus Helium bestehen, das Ganze angezuckert mit schweren Elementen aus der Küche der Sterne. Dies ist tatsächlich die gefundene Zusammensetzung.

Da die drei Säulen der Urknalltheorie voneinander völlig unabhängig sind, bilden sie ein Fundament von vertrauenerweckender Festigkeit. Allerdings wurde bisher die ursprüngliche Frage, wo denn die ganze Energie hergekommen sein soll, keineswegs beantwortet. Dieses Rätsel wird durch die Einstein'sche Gravitationstheorie gelöst.

Energie ist die kosmische Währung. Es gibt die verschiedensten Formen von Energie, die sich ineinander umwandeln können, aber was stimmen muss, ist die Gesamtbilanz. Die sichtbare Energie, die in der Materie steckt, und die unsichtbare in der Gravitation ergeben zusammen die Gesamtenergie. Ersterer sind wir schon bei der kinetischen Energie eines Körpers begegnet, sie steigt mit dem Quadrat seiner Geschwindigkeit. Aber sogar wenn ein Körper ruht, steckt in ihm eine ungeheure Energie. Dies ist die so genannte Ruhenergie, die durch die berühmte, durch die Atombombe berüchtigte, Einstein'sche Formel

$$E = mc^2 \qquad (c = \text{Lichtgeschwindigkeit})$$

gegeben ist. Die in einem ruhenden Körper schlummernde Energie ist doppelt so groß wie seine kinetische Energie wäre, würde er sich mit Lichtgeschwindigkeit bewegen.

Bevor wir damit die Gesamtenergie des Universums berechnen, pausiere ich und erzähle ein wenig über Albert Einstein, denn er wird dieses Kapitel dominieren: Einstein war zweifelsohne der größte Physiker des 20. Jahrhunderts, in der ganzen Menschheitsgeschichte macht ihm vielleicht nur Isaac Newton diesen Rang streitig. Einstein hat die Physik sehr vielseitig befruchtet, populär wurde er durch die so unglücklich benannte Relativitätstheorie. Sie besteht aus zwei Teilen: die spezielle Relativitätstheorie als logische Vervollkommnung der Elektrodynamik; die allgemeine Relativitätstheorie als Verfeinerung der Newton'schen Gravitationstheorie.

Die Einstein'sche Gravitationstheorie beruht auf der Erkenntnis, dass die Schwerkraft die Geometrie von Raum und Zeit formt und mit ihr wesensgleich ist. Anfänglich wühlte die Relativitätstheorie nur philosophische Gemüter auf, für Praktiker waren ihre Effekte zu klein, um von Interesse zu sein. Aber die Zeiten haben sich geändert, und heute hängt nicht nur das ökonomische Interesse, sondern auch die persönliche Sicherheit von tausenden Menschen von ihr ab. Das GPS (Global Positioning System) hat die phantastische Genauigkeit von vier Meter nur dank der Korrekturen durch die Relativitätstheorie erreicht. Da sie bis zu 11 km betragen, wäre ohne sie das GPS unbrauchbar!

Ich hatte das Privileg, Einstein persönlich kennen zu lernen und mit ihm über einige physikalische Fragen zu diskutieren. Dies kam so: Durch die Arbeit, die ich in Abschnitt 2.8 schildere, erhielt ich eine Einladung für ein Jahr an das Institute for Advanced Studies in Princeton, der Wirkungsstätte Einsteins. Obwohl damals schon ein älterer Herr, war er aber noch für Fremde offen und von verschmitztem Humor. So brachte schon unser erstes Gespräch eine unerwartete Wendung. Als er mich fragte, woher ich denn käme, antwortete ich, dass ich zurzeit eine

Abbildung 1.2: Dieses Bild hat mir Einstein 1953 über-
reicht.

Stelle als Assistent an der Universität Bern hätte. Da
verklärten sich seine Züge und er sagte, er hätte in seiner
Jugend in Bern viel über Physik gelernt. Dies wunderte
mich, denn ich wusste, dass er 1905 in Bern drei Arbeiten
publiziert hatte; für eine bekam er viel später den Nobelpreis, und für die anderen hätte er ihn bekommen können.
Aber da war ja weit und breit niemand, von dem er hätte
etwas lernen können. Einstein erzählte mir, dass er gerne
in der Altstadt zum Bärengraben ging, um bei der Füt-
terung zuzusehen. Dabei beobachtete er, dass die Bären
meist mit der Schnauze am Boden gingen und nur fanden,
was vor ihrer Nase war. Manchmal stellte sich jedoch einer
auf die Hinterbeine, um von der höheren Warte aus die
eigentlich guten Bissen zu sehen. Dies hätte ihn so an

die Physiker erinnert, die meist über ihren Rechenzettel gebeugt nur sehen würden, was direkt vor ihrer Nase liegt. Die wesentlichen Entdeckungen werden aber nur gemacht, wenn man die größeren Zusammenhänge überblickt. Einzelerscheinungen, etwa, wie ein Heliumatom im Detail funktioniert, hätten ihn nie besonders interessiert. Ihm ging es immer nur um das Prinzipielle, er wollte „dem Alten hinter seine Schliche kommen". Dieses Gespräch hat dann meine Motivation und den Titel dieses Buches geprägt.

Auf meine physikalischen Diskussionen mit Einstein komme ich bei späterer Gelegenheit zu sprechen, nun will ich zur Energie des Universums zurückkehren. Wie schon erwähnt, ist die sichtbare Energie der Materie die Summe von zwei Teilen: die fest vorgegebene Ruhenergie mc^2 und die kinetische Energie. Der unsichtbare Anteil der Gesamtenergie, die Gravitationsenergie, ist das Produkt aus seiner Masse und einem Gravitationspotential, das von Stelle zu Stelle variiert und nichts anderes als eine mentale Konstruktion ist. Wird ein Körper durch die Schwerkraft einer großen Masse angezogen, so fällt er mit einer Geschwindigkeit auf sie zu, deren Größe durch die Erhaltung der mechanischen Energie (Gesamtenergie minus Ruhenergie) bestimmt wird. Fängt die Bahn eines Probekörpers in einem Ort ohne Gravitationspotential mit Geschwindigkeit Null an, so ist und bleibt seine mechanische Energie gleich Null. Beginnt dieser Körper zu fallen, dann wird die kinetische Energie positiv und daher muss die Gravitationsenergie negativ werden, damit sich dieses Nullsummenspiel ausgeht. Beide Beiträge haben die Masse des Probekörpers als Faktor, daher kürzt sie sich aus der Energiebilanz heraus: Seine Geschwindigkeit hängt

32

nicht von seiner Masse ab. Galileo Galilei hat genau das schon in seinem berühmten Experiment am schiefen Turm von Pisa gezeigt. Körper verschiedener Masse fallen mit gleicher Geschwindigkeit, sofern sie genügend schwer sind und nicht von der Luft verblasen werden. Im Experiment vom schiefen Turm wurde das Gravitationspotential von der Erde erzeugt. Im Allgemeinen ist das Gravitationspotential eines Objekts proportional zu seiner Masse und verkehrt proportional zum Abstand der Schwerpunkte. Vor allem muss man sich vor Augen halten, dass es eine negative Größe ist.

Noch im Rahmen dieser simplen Vorstellungen lassen wir jetzt unseren Probekörper in die Gravitationsgrube des Universums hineinplumpsen, wie schnell wird er dann? Dazu brauchen wir Masse M_U und Radius R_U des Universums. Wir haben zwar das Universum noch nicht in kg abgewogen, aber das macht nichts. Wir wissen, es enthält 10^{22} Sterne, im Mittel vielleicht etwa so schwer wie die Sonne, und sein Radius R_U ist 10^{10} Lichtjahre. Damit haben wir alle Angaben, um unsere Hausübung zu lösen: Wir müssen nur mit dem Sturz auf die Sonne vergleichen. Dieser einfachen Rechnung folgen wir in Anhang D und kommen hier gleich zum Resultat: die Geschwindigkeit v_U beim Fall ins Universum verhält sich zur Geschwindigkeit v_S beim Fall auf die Sonne wie $v_U \sim v_S \times 10^{2.5}$. Da v_S gleich $10^{2.5}$ km/s war, ist v_U etwa 10^5 km/s. Wir sehen, dass wir beim Fall in das Universum an die Lichtgeschwindigkeit $c = 10^{5.5}$ km/s herankommen. Das erzeugt nicht nur Unbehagen in der Magengrube; die kinetische Energie muss ja dann so groß wie die Ruhenergie werden, und die Gravitationsenergie ist stets das Negative von ihr, damit die Summe Null bleibt. Die Gravitationsgrube des Universums muss also so tief wie die Ruhenergie der Teilchen sein. Obgleich die Gravitationskraft meist nur gering ist, wird die Gravitationsenergie so gewaltig, dass die *creatio ex nihilo* (Schöpfung aus dem Nichts) zumindest die Energieerhaltung nicht verletzt. Denn unsere Überlegung zeigt, die Gravitationsenergie $-GM_U m/R_U$ in der Grube ist gerade das Negative der Ruhenergie mc^2 unseres Körpers, und somit ist die Gesamtenergie gleich Null. Der Probekörper ist aber nichts Besonderes, sogar wir alle und genauso das ganze Universum haben dann Gesamtenergie Null. Also hatte es Gott nicht nötig, sich bei der Schaffung der Welt in Energieschulden zu stürzen. Er richtete es so ein, dass sich alles ausgleicht.

Bevor wir aber in Euphorie ausbrechen, müssen wir zuerst unsere durch die Annäherung an die Lichtgeschwindigkeit hervorgerufenen Magenbeschwerden beschwichtigen. Unter so extremen Bedingungen gelten ja naive Überlegungen nicht mehr, und die Gravitationstheorie von Einstein muss herhalten. Auch sollte ich betonen, dass die philosophischen Bedenken gegen die *creatio ex nihilo* dadurch kaum berührt werden. Das Nichts im philosophischen Sinn gibt es in der heutigen Physik gar nicht, denn die Felder der Fundamentalteilchen sind auch im Vakuum präsent. Doch vor neuer, schwerer Kost erzähle ich kurz die Geschichte von dem Pionier, der herausgefunden hat, was in dieser Situation in der Einstein'schen Theorie geschieht.

Anfang des 20. Jahrhunderts gab es einen Astronomen namens Karl Schwarzschild. Er war einmal Privatastronom eines Wiener Mäzens, bevor er Professor in Deutschland wurde. Im Ersten Weltkrieg meldete er sich freiwillig an die Front, zuerst ging es nach Westen, dann musste er an die Ostfront. Dort schlug die Stunde, die seinen Namen für immer in die Geschichte der Wissenschaft eingehen ließ. 1916 publizierte Einstein seine neue Gravitationstheorie, und diese Arbeit fiel Schwarzschild in die Hände. Sein Genius blühte noch einmal auf. Er erfasste sofort den Sinn der Einstein'schen Arbeit, was die meisten Physiker damals überforderte. Er konnte sogar eine exakte Lösung für diese ungeheuer schwierigen Gleichungen angeben, was nicht einmal Einstein zu Wege brachte. Dann nahm ihm der Tod die Feder aus der Hand.

Seither machen Generationen von Physikern Karriere, indem sie diese so genannte „Schwarzschild-Lösung" zu enträtseln versuchen. In dieser Lösung der Einstein'schen Gleichungen wird eine Gravitationsgrube gegraben, die tiefer ist als die Ruhenergie eines Teilchens. In ihr vollzieht sich der gesamte Paradigmenwechsel der allgemeinen Relativitätstheorie. (Das Modewort Paradigmenwechsel heißt schlicht gesprochen, dass die neuen Begriffe im Gehirn der Gelehrten langsam durchzusickern beginnen.) Die Schwarzschild-Lösung beschreibt eine Steigerung der für das Universum geschilderten Situation. Was tut sich, wenn eine Gravitationsgrube so tief wird, dass hineinfallende Teilchen sogar mehr als Lichtgeschwindigkeit bekämen? Es dauerte fast ein halbes Jahrhundert, bis bemerkt wurde, dass dies so etwas wie eine Mausefalle ist. Aus so einer Grube kann nichts mehr heraus, dazu müsste man ja von innen mit Überlichtgeschwindigkeit anrennen, was problematisch ist. John Archibald Wheeler hat dann für diese Aussage der Schwarzschild-Lösung den Begriff „Schwarzes Loch" geprägt, das heute die wissenschaftlichen Klatschspalten unterwandert hat.

In den Formeln von Schwarzschild wurde in einem Abstand von der Masse M, in dem die Gravitationsenergie gleich der Ruhenergie wird, alles unendlich. Das schien ein Ort des Todes zu sein, heute heißt dieser Abstand der Schwarzschildradius. Erst im Laufe der Zeit kam man darauf, dass solche Unendlichkeiten nur an der Schreibweise lagen. Der Schwarzschildradius bedeutet einfach, dass es dahinter kein Zurück mehr gibt (point of no return). In einer besseren Schreibweise kann man die Schwarzschildsche Formel weiter Richtung Zentrum verfolgen, und dann geschieht es wie im Märchen. Man kann dort noch Leute aus einer anderen Welt treffen, von deren Existenz man nichts wissen konnte. Leider währt diese Überraschung nur kurz, dann wird man von der übermächtigen Schwerkraft erdrückt. Doch zeigt sich dabei, dass die Existenz anderer Welten, die wir nicht sehen können, aus den uns bekannten Naturgesetzen unter Umständen mit Notwendigkeit folgt.

Obgleich lange unverstanden und angezweifelt, lassen die heutigen Beobachtungen kaum einen Zweifel an der Existenz „Schwarzer Löcher". Diese wohl erschreckendsten Erscheinungen im Kosmos sind die ultimativen Henker und Totengräber: Sie verschlingen ganze Sterne, um sie in die Unterwelt der Nichtexistenz zurückzubefördern, aus der sie am ersten Tag entsprungen sind.

Kehren wir zu unserem Universum zurück, so ist es nach den bisherigen Überlegungen so etwas wie ein riesiges schwarzes Loch. Durch seine überwältigende Gravitation fesselt es alles an sich und sucht es zu erdrücken. Doch sind wir noch weit von dem Augenblick entfernt, in dem alles zusammenkracht. Die von Astronomen gefundenen schwarzen Löcher sind nur lokale Erscheinungen. Heute deutet manches darauf hin, dass der totale Kollaps der ganzen Welt ausbliebe, ihre Expansion scheint sich zu beschleunigen. Wie wir gesehen haben, steht es auf des

Messers Schneide, welcher Energieanteil dominiert und wie sich das Weltall weiterentwickeln wird. Es ist weitgehend eine Geschmacksfrage, wie man die Dinge beurteilt: Mein Freund Freeman Dyson sagte einmal, er wolle nicht über das geschlossene Universum denken, denn dann bekäme er einen Anfall von Klaustrophobie. Meine Frau hingegen würde sich im geschlossenen Universum geborgen fühlen. Ich will zum Schluss dieses Abschnitts noch einmal auf mein Gespräch mit Einstein zurückkommen. Ich beschäftigte mich genau mit der Frage, ob in der Quantentheorie bei einer Gravitationsgrube tiefer als mc^2 Teilchen aus der Unterwelt hervorzusickern beginnen und man ein unerschöpfliches Teilchenreservoir anzapfen könnte. Die Reaktion von Einstein war enttäuschend, denn er glaubte nicht an die Quantentheorie. Zunächst wollte er nicht wahrhaben, was ich sagte, und meinte, ich spräche vom Kochen neuer Elemente in Sternen. Als ich erwiderte, dies wäre keineswegs der Fall, sondern ich spräche vom Entstehen von Teilchen aus dem Nichts, war er schockiert. Mit manchen Paradoxa der Quantentheorie hatte er sich abgefunden, aber das wäre ihm zu radikal. Ich habe also den Pegasus meiner Phantasien wieder eingefangen und vertraute dererlei Ideen erst 15 Jahre später meinen damaligen Assistenten Roman Sexl und Helmuth Urbantke an, welche eine der ersten seriösen Arbeiten über diese Frage geschrieben haben. Seither ist die Zahl solcher Untersuchungen zur Legion angeschwollen und hat mit der „Hawking Strahlung" einen Höhepunkt erreicht, der dann eine Sturmflut der Forschung ausgelöst hat.

Abbildung 1.3: So habe ich Einstein 1954, ein Jahr vor seinem Tod, fotografiert.

1.4 Was war der Sprengsatz?

Eine dunkle Energie war die Treibkraft des Urknalls.

Wir haben gesehen, dass unter Umständen die negative Gravitationsenergie so groß wie die Ruhenergie eines Teilchens werden kann. Dann wäre es möglich, mit der Ersteren den energetischen Eintrittspreis für ein Teilchen aus der Unterwelt zu bezahlen und so die *creatio ex nihilo* legal durchzuführen. Wir wollen jetzt genauer studieren, unter welchen Umständen dieses Abenteuer gelingen kann. Haben wir einen Massenkeim mit Masse M, der auf ein räumliches Gebiet von Radius R konzentriert ist, dann können wir unser Testteilchen der Masse m bis auf einen Abstand R heranführen. Dabei gewinnt das Testteilchen eine Gravitationsenergie $-GMm/R$, wobei die universelle Konstante G („Gravitationskonstante") die Stärke der Schwerkraft misst. Wie wir schon wissen, ist die Energie des Testteilchens mindestens seine Ruhenergie mc^2. Damit das Heranführen des Testteilchens an die Masse M und seine Erzeugung ein energetisches Nullsummenspiel wird, muss also GMm/R größer als mc^2 sein. Hier haben wir gleich ein Aha-Erlebnis: Auf die Masse m des Testteilchens kommt es gar nicht an, sie kürzt sich heraus. Sobald $GM/R > c^2$ ist, haben Teilchen aller Massen eine Gravitationsenergie, die noch negativer ist als das Negative ihrer Ruhenergie. Die Universalität der Schwerkraft bewirkt also, dass gleich alles hervorbricht, wenn die Schleusen zur Unterwelt geöffnet werden.

Multiplizieren wir die obige Relation mit R, erhalten wir $GM > Rc^2$. Die Ungleichung können wir erfüllen, indem wir den Massenkeim winzig machen. Nun setzt die Quantentheorie dem Winzigmachen eine Grenze. Nach Werner Heisenberg behauptet sie nämlich, dass ein Teilchen mit einer Geschwindigkeit $v > \hbar/MR$ herumzuschwirren beginnt, wenn es in ein Gebiet der Größe R eingesperrt wird. Die universelle Konstante $\hbar$ heißt das Plancksche Wirkungsquantum. Würde die Geschwindigkeit des eingesperrten Teilchens $v > c$ werden, wäre das Einsperren eine energetisch kostspielige Angelegenheit. Ich müsste dabei mehr als die Ruhenergie mc^2 investieren. Diese Energie könnte sich dann entweder in kinetische Energie des Teilchens umwandeln oder weitere Massenkeime erzeugen. Will ich die Erzeugung weiterer Teilchen vermeiden, und daher v unter c halten, muss die folgende Relation gelten: $R > \hbar/mc$. Der Ausdruck $\hbar/mc$ ordnet der Masse m eine Länge („Compton Wellenlänge") zu; sie beträgt etwa für ein Elektron 10^{-13} m und für ein Proton 10^{-16} m. Um zu erreichen, dass ein Teilchen mit Masse m im Abstand der Comptonwellenlänge einer Masse M eine Gravitationsenergie tiefer als mc^2 bekommt, muss ich $GM > Rc^2$ zu $GM > \hbar c/M$ fortsetzen. Beide Bedingungen zusammen verlangen daher $M^2 > \hbar c/G$ und definieren damit eine Minimalmasse M_P (Planckmasse) als $(\hbar c/G)^{1/2}$; das Experiment geht nur, wenn M größer als M_P ist.

Für Max Planck, der als Erster M_P eingeführt hat, waren unsere Grundeinheiten m, kg, s ziemlich willkürlich; sie sind doch an die zufälligen Eigenschaften der Erde gebunden: an ihre Masse, ihren Umfang und ihre Umdrehungsdauer. Besuchern von anderen Gestirnen wären solche Einheiten fremd. Aber für sie müssten ja auch Lichtgeschwindigkeit c, Wirkungsquantum $\hbar$ und Gravitationskonstante G zur Verfügung stehen. Da man daraus eine Masse, eine Länge und eine Zeit bilden kann, müssten diese sogar von einer kosmischen Einheitenkommission anerkannt werden. Die Planckmasse kennen wir schon, $M_P = (\hbar c/G)^{1/2}$. Die Plancklänge L_P ist die zu M_P gehörige Compton-Wellenlänge: $L_P = \hbar/M_P c = (G\hbar/c^3)^{1/2}$. Diese ist gleichzeitig die räumliche Ausdehnung des Massenkeims M_P, bei dem er zur Schwerefalle wird und Teilchen aus der Unterwelt einfängt (sein „Schwarzschildradius"). Schließlich ist die Planckzeit t_P die Zeit, die das Licht braucht, um die Plancklänge zu durchqueren $t_P = L_P/c = (G\hbar/c^5)^{1/2}$.

Wie groß sind M_P, L_P, t_P nun wirklich?

Sie sind winzig: $M_P = 10^{-9}$ kg, $L_P = 10^{-35}$ m, $t_P = 10^{-43}$ s.

40

Abbildung 1.4: Max Planck am Höhepunkt seines Ruhms

Kein Wunder, dass Max Planck damit wenig Lob erntete und die Erdbewohner bei ihren provinziellen Einheiten blieben. Aber die Zeiten haben sich in hundert Jahren geändert. Nicht, dass es schon Geschäfte gäbe, in denen der Verkäufer verstehen würde, wenn man hundert Millionen Planckmassen Mehl wollte, aber die Quantenkosmologen leben geistig in einer Welt, in der es nur G, $\hbar$, c gibt; sie denken daher stets in Planckeinhciten, und wir wollen es für den Rest dieses Kapitels ebenfalls tun.

Nun aber zurück in unsere alchemistische Superküche, in der wir die Welt erzeugen wollen. Zunächst brauchen wir dazu eine Masse größer als M_P, konzentriert auf ein Gebiet kleiner als L_P, um die Unterwelt anzapfen zu können. Die Frage ist, ob das schon einen Urknall ergibt. Die Antwort ist zunächst nein! Das Ganze kracht in einer

Zeit kleiner als t_P wieder zusammen. Warum scheitert unser Experiment so kläglich? Wegen der Universalität der Schwerkraft, durch die sich alles anzieht. Die Relation $GM_P/L_P = c^2$ sagt aus, dass wir uns am Rand eines Schwarzen Lochs bewegen. Wird es einmal so extrem, dann gibt es kein Entrinnen mehr, alles fällt ins Zentrum. Man könnte meinen, wenn wir unseren Massenkeim mit einem starken inneren Druck ausstatten, dann ließe er sich vielleicht nicht zerquetschen. Dass dem nicht so ist, folgt aus der Einstein'schen Gravitationstheorie; um dies zu erklären, will ich noch einmal auf mein Gespräch mit Einstein zurückblenden.

Mich störte damals, dass man bei den Darstellungen der Einstein'schen Gravitationstheorie von Folgendem ausging: Unsere Raum-Zeit besitzt eine nichteuklidische, das heißt gekrümmte, Geometrie und daraus wird die Eigenschaft des Gravitationsfeldes abgeleitet. Mir schien es logisch befriedigender, dass man das Schwerefeld so wie ein elektro-magnetisches Feld behandelt, nur vielleicht ein wenig aufwändiger. Durch ihre universelle Natur würde die Gravitation die Geometrie von Raum-Zeit bestimmen. Eine Masse sollte nicht nur ein Gravitationsfeld erzeugen, sondern sogar den Raum so ausbeulen, dass er nichteuklidisch erscheint.

Einstein war mit meinem Zugang nicht zufrieden. Er meinte, wenn man so argumentierte, wäre kein Grund zu sehen, warum das Schwerefeld etwas komplizierter sein solle als das elektromagnetische. Dann sollte man eigentlich ein Feld mit nur einer Komponente (einem „Skalar") nehmen. Alles andere widerspräche dem Gebot der Einfachheit und wäre somit eine Sünde wider den Heiligen Geist. Ich sah das nicht so, dennoch zog ich mich reuig zurück. Als ich seine Bemerkung später in Ruhe überdachte, kam ich darauf, das sie rein logisch gesehen falsch war. Auch wenn man wie er von der Geometrie argumentierend kommt, kann man eine einfach nicht-euklidische Geometrie (eine „konforme flache Geometrie") durch ein einziges Feld charakterisieren; solche skalare Gravitationstheorien geistern zeitweilig in der Literatur herum. Instinktmäßig lag Einstein jedoch ganz richtig; eine Konsequenz seiner Theorie, dass das Gravitationsfeld tatsächlich komplizierter aufgebaut ist, wurde experimentell vielfach erhärtet. Dieses Feld wird durch ein quadratisches Schema mit 4 Zeilen und 4 Spalten (eine Matrix oder Tensor 2ter Stufe) beschrieben. Von seinen $4 \times 4 = 16$ Komponenten sind allerdings nur 10 voneinander unabhängig und jede hat ihre eigene Quelle. In der entsprechenden Quellenmatrix ist die Energiedichte (die wir auch mit E bezeichnen) die größte Komponente. Doch in den vorher geschilderten Situationen wird die effektive Quelle der Gravitation $E + 3p$. Der Buchstabe p steht für den Druck, der an dem jeweiligen Punkt des Raumes herrscht. In „friedlichen" Situationen ist p viel kleiner als E, denn p ist gewöhnlich so groß wie die kinetische Energie. Bei einem Teilchen entspricht die Energiedichte E seiner Gesamtenergie (kinetische Energie und Ruhenergie); gewöhnlich dominiert E und der Zusatz $3p$ spielt dann keine Rolle. Aber schon für Photonen (= Lichtquanten) ist der Druck p gleich $E/3$ und wird zu $E \sim p$, wenn Teilchen sich annährend mit Lichtgeschwindigkeit bewegen.

Übrigens währte meine Reue nicht lange, und ich habe dann doch meine Gedanken über die Einstein'sche Gravitationstheorie veröffentlicht. Die Aufnahme war geteilt, wie immer, wenn sich Außenseiter irgendwo einmischen;

manche meinten, diese Sicht wäre falsch, aber ein positives Echo kam von relevanten Leuten wie Heisenberg, Dirac oder Oppenheimer. Letzterer hielt in Princeton darüber sogar ein Seminar mit dem Titel „You don't have to be Einstein to discover General Relativity" (Man muss nicht Einstein sein, um die allgemeine Relativitätstheorie zu entdecken). Aber ich muss gleich betonen, dass ich keine neue Gravitationstheorie entwickelt habe. Jeder vernünftige Weg führt zur Einstein'schen, ich wollte nur ein bisschen besser verstehen, was die Experten der allgemeinen Relativitätstheorie so sagen.

Wenn wir in unsere Hexenküche zurückkehren, sehen wir zunächst, warum ein noch so großer Druck p nicht hilft, den Gravitationskollaps aufzuhalten. Ein großer Druck macht die Sache sogar noch schlimmer, denn die Quelle des Gravitationsfeldes ist $E + 3p$, und mit steigendem p wird ein umso stärkeres Gravitationsfeld erzeugt. Diese Aussage wurde in all ihrer Schärfe erst 1965 von Roger Penrose aus der Einstein'schen Theorie abgeleitet. Sein Resultat verkündet, dass die Gravitation kein Erbarmen kennt, wenn schon alles nach innen fällt und außerdem $E+3p > 0$ gilt. Alles wird zerquetscht und auf einen Punkt zusammengedrückt, den man als Singularität bezeichnet.

Penrose benützte in seinem Beweis mathematische Erkenntnisse des 20. Jahrhunderts; leider waren sie den meisten Physikern noch nicht geläufig, und so stieß er zunächst auf Unverständnis. Sein mathematischer Zauber besagte, dass sich unter gewissen Umständen unendliche Folgen von mathematischen Elementen immer einem Grenzelement nähern. Vielleicht erinnert die Aussage an den kausalen Gottesbeweis der Scholastik, der einfach so argumentiert: Alles Geschehen hat eine Ursache, und diese unendliche

Folge von Ursachen muss zu einer letzten Ursache führen, und die ist Gott. Von dergleichen geistigem Hokuspokus fühlen sich viele Leute betrogen. Nach einiger Zeit wurde trotzdem die Argumentation von Penrose Allgemeingut und bildete eine der wichtigsten Aussagen der Einstein'schen Gravitationstheorie.

Aber heißt das nun, dass wir unsere alchemistischen Versuche, die Welt zu schaffen, endgültig einstellen müssen? Nicht ganz, es gibt einen Ausweg, der wieder zuerst von Einstein entdeckt wurde.

Nicht, dass er der *creatio ex nihilo* auf der Spur gewesen wäre, so etwas hätte er nie gemacht. Er ging dem damals gesichert erscheinendem Faktum der ehernen Beständigkeit des Firmaments nach. Diese Sicht hat sich inzwischen als falsch erwiesen. Der scheinbar ewig unveränderliche Kosmos ist in Konflikt mit der Schwerkraft, die doch immer alles zum Einsturz bringen möchte. Offensichtlich brauchen wir eine „Antigravitation", welche die Wirkung der Gravitation aufhebt. Um den Text zu würzen, habe ich ein Wort der physikalischen Regenbogenpresse verwendet, in der vielfach Spinner in ihren Phantasien glauben, alles zu können. Wie soll es überhaupt eine Antigravitation geben, wenn wir uns an die Spielregeln der Einstein'schen Theorie halten?

Natürlich hatte Einstein den Satz von Penrose nicht zur Verfügung, wir aber wissen: Für Antigravitation müssten wir eine Situation schaffen, in der die Energiebedingung von Penrose $E + 3p > 0$ nicht gilt.

Wie können wir das?

Für Materie ist die Energie E (kinetische und Ruhenergie) immer positiv, negative Energien sind ein Privileg der Gravitation.

Aber wie wäre es mit negativem Druck? Der wurde einmal von Schrödinger als „innerer Zug" bezeichnet und scheint uns vielleicht unsinnig. Einstein war jedoch schlau und wusste, dass nur Druckänderungen gemessen werden können. Zunächst widerspricht ein konstanter negativer Druck nicht der Erfahrung, obgleich er unserer Intuition fremd bleibt. Der kritische Leser wird hier wieder Betrug wittern, aber nur ruhig Blut, wir kommen später noch zu besseren Begründungen.

Einstein führte in seine Gleichungen das so genannte „kosmologische Glied" ein und bezeichnete damit eine im ganzen Raum gleichmäßig verteilte Energie, und einen gleich großen, aber negativen Druck. Kosmologisch soll wohl heißen „nur keine Angst, im täglichen Leben bemerkt ihr dies sowieso nicht, ich brauche das ja nur für meine kosmischen Gaukeleien".

Für $p = -E < 0$ ist dann tatsächlich

$$E + 3p = -2E < 0$$

und damit haben wir unsere Antigravitation, mit der Einstein sein Universum stabilisieren wollte. Allerdings war es nicht wirklich stabil, das Gleichgewicht zwischen Gravitation und Antigravitation ist zu delikat. Ein bisschen zuviel Gravitation und der Kosmos fällt in sich zusammen, ein bisschen zuviel Antigravitation und er zerbricht. Dazu kam noch der experimentelle Nachweis, dass Einstein von der falschen Vorstellung des stabilen Universums ausging: Unser Universum explodiert nämlich, es ist nicht statisch!

Als Gipfel des Unglücks fand 1920 der russische Physiker Alexander Friedmann Lösungen der Einstein'schen Gleichungen, welche die Expansion des Kosmos wiedergeben, ohne dass man das kosmologische Glied braucht. Zur Erklärung, dass das Universum noch immer expandiert, nimmt man einfach an, dass zur Stunde Null alles so auseinander flog, dass es die Gravitation nicht mehr stoppen konnte. Zornentbrannt verbannte Einstein sein kosmologisches Glied und nannte es den größten Blödsinn, den er je in seinem Leben begangen hätte. Vielleicht trauerte er ihm später doch noch nach? Während des ganzen Jahres, das ich in Princeton verbrachte, habe ich Einstein ein einziges Mal in einem physikalischen Kolloquium gesehen. In diesem wurde über die kosmische Expansion berichtet, und Einstein wollte wissen, ob sie sich verzögert oder beschleunigt. Die damaligen Daten ließen eine Antwort nicht zu. Wie würde Einstein heute schauen, scheint doch die zweite Alternative vorzuliegen! Das kosmologische Glied ist die führende Kraft der kosmischen Expansion und Einstein müsste als größte Dummheit eingestehen, ihm untreu geworden zu sein.

Vielleicht kommt die gegenwärtige Beschleunigung der Expansion daher, dass nach der inflationären Phase, die wir gleich besprechen werden, etwas von dem kosmologischen Glied übrig geblieben ist. Tatsächlich gibt es Hinweise auf einen Hintergrund von positiver Energie und negativem Druck, der als „dunkle Energie" bezeichnet wird; sie stellt eines der unverständlichsten Rätsel der heutigen Physik dar.

Nach der jetzt gängigen Quantenfeldtheorie hat nämlich auch das vollkommenste Vakuum eine Energiedichte („Nullpunktsenergie"). Jedem Teilchen entspricht ein Feld und nach der Quantenfeldtheorie hat dieses Feld eine Mindestenergie und zwar eine Ruhenergie pro (Compton-wellenlänge)^3. Außerdem liefert es einen Druck, gleich groß, aber mit umgekehrtem Vorzeichen. Das wäre zwar eine Gravitationsquelle wie das kosmologische Glied, ist aber viel zu stark. Welches Teilchen man auch immer nehmen mag, eine Ruhmasse pro (Comptonwellenlänge)^3 gibt eine gewaltige Energiedichte. Etwa für das Proton ist die Comptonwellenlänge ungefähr 10^{-16}m. Eine Protonmasse in einem Kubus dieser Seitenlänge gäbe eine wesentlich größere Energiedichte als die im Kosmos vorherrschende; da gibt es im Mittel nur einige Protonen pro m^3.

Auf diese kosmische Materiedichte kommt man so: Ein typischer Stern enthält 10^{57} Protonen und der mittlere Abstand zwischen zwei Sternen ist vielleicht 1000 Lichtjahre, etwa 10^{19} m. Verteilt man die Protonen des Sterns in einen Würfel dieser Seitenlänge, verbleibt gerade ein Proton pro m^3, denn $(10^{19})^3 = 10^{57}$.

Die von den Quantenfeldern bewirkte Nullpunktsenergie, deren Dichte somit größenordnungmäßig $(10^{16})^3 = 10^{48}$ mal größer ist als die tatsächliche Dichte, muss man ungeheuer genau wegmogeln. Aber Vorsicht, etwa fünfmal so viel wie die sichtbare Energie soll ja für diese „dunkle Energie" überbleiben. Wie dies so genau gehen soll, können einem auch die klügsten Leute nicht sagen.

Obwohl von Einstein verstoßen, hat also das kosmologische Glied bis ins 21. Jahrhundert überlebt und wird heute eifrig diskutiert.

Die erste schöne Anwendung kam von dem holländischen Astronomen William de Sitter. Er konstruierte ein Modell des Universums, das sozusagen Antigravitation pur ist. Es stürzt zunächst in sich zusammen, wird aber dann durch die Antigravitation auseinandergetrieben und zerstiebt ins Unendliche. Das De-Sitter-Universum hat nur antigravitierende Materie $p = -E$, wobei beide Größen konstant sind, was einige Vorzüge bietet. Da sich so ein Universum für uns als wesentlich erweisen wird, müssen wir auf seine Eigenschaften etwas eingehen.

Größtmögliche Symmetrie

Ein Raum hat Symmetrien, wenn er von verschiedenen Seiten betrachtet, gleich aussieht. So ist unser Lebensraum isotrop, das heißt alle Richtungen sind gleichberechtigt. Dass für uns oben-unten, Ost-West und Nord-Süd unterschiedliche Richtungen sind, beruht nur auf dem Einfluss der Erde; weit draußen im Weltall gibt es diesen Unterschied nicht. Zusätzlich ist unser Raum homogen, das heißt, alle Punkte sind gleichwertig. Alle anderen Meinungen sind nur Provinzialismus. Es war die große Leistung Einsteins, noch weitergehende Symmetrien zu identifizieren. Sie verknüpfen Erscheinungen, die uns gänzlich unterschiedlich begegnen, wie etwa Raum und Zeit, miteinander.

Betrachten wir das Geschehen von einem gleichförmig bewegten Bezugssystem aus, so beschreibt man dies mathematisch mit einer Durchmischung der Raum- und Zeitkoordinaten. Wie man sie durchmischen muss, damit die Naturgesetze in diesem System genauso gelten, sagt Einsteins spezielle Relativitätstheorie aus. Durch diese Symmetrie wird Raum und Zeit zu einer 4-dimensionalen Raum-Zeit verschweißt. Die zunächst angegebenen Symmetrien kann man durch die Aussage, die Raum-Zeit ist 4-dimensional homogen und isotrop, zusammenfassen. Das De-Sitter-Universum hat nun eine gleich große Symmetrie wie Raum und Zeit in der speziellen Relativitätstheorie, aber erst nach einigen Jahren wurde dies allgemein erkannt.

Dabei machte Einstein noch seinen einzigen begrifflichen Fehler, ausgerechnet ihm musste das passieren. Das kam so: Einstein hatte auf de Sitters Arbeit negativ reagiert, er hatte das Gefühl, das kann nicht unser Universum sein. Hier leitete ihn sein Instinkt richtig, wir leben nicht in einem De-Sitter-Universum. Deswegen suchte er nach Gründen, warum dies nicht stimmen könne und brachte dann etwas ganz Fadenscheiniges hervor. De Sitter konnte sein Universum nicht durch ein einziges Koordinatensystem beschreiben, so wie man die ganze Erdkugel nicht durch eine einzige Landkarte erfassen kann. Am Rande des erfassbaren Gebiets traten bei de Sitter Singularitäten auf, die Einstein als singuläre Massenverteilung deutete, eine vollständige Fehlinterpretation. Hat jemand erkannt, dass das De-Sitter-Universum homogen ist, so sieht er sofort, dass eine Singularität Unsinn sein muss: Jeder Punkt ist gleich gut und Singularitäten können nur von der verwendeten „Kosmoskarte" kommen.

Das De-Sitter-Universum ist sogar in der Zeit homogen: Der Umkehrpunkt der Zeit, wann es von Kontraktion zur Expansion übergeht, scheint zunächst ausgezeichnet zu sein, ist es aber nicht. Verschiedene Bezugssysteme geben andere Umkehrzeiten. So kam das De-Sitter-Universum in der früher erwähnten „steady state"-Theorie wieder zu Ehren. Da wollte man ja ein Universum, das von Ewigkeit zu Ewigkeit gleich aussieht. Es war dies eine Art Trotz-Reaktion gegen die Bibel. Man musste sich dann aber der Evidenz, dass das Universum einen Anfang habe, beugen, und diese Theorie fallen lassen. Wie wir gleich sehen werden, dürfte das De-Sitter-Universum aber doch ein Bestandteil der kosmischen Evolution sein.

Größtmögliche Expansion

Nach folgender Überlegung muss eine Expansion exponentiell sein, falls deren Rate zu jedem Zeitpunkt gleich viel beträgt. Wenn $R(t)$ der Radius des Universums zu einer beliebigen Zeit t ist, und R sich nach jeder Zeiteinheit verzehnfacht, dann bedeutet das $R(t+1) = 10R(t)$ für alle t. Diese Gleichung lässt sich durch die Relation

$$R(t) = 10^t R(0)$$

erfüllen, denn dann ist

$$R(t+1) = 10^{t+1} R(0) = 10 \times 10^t R(0) = 10R(t)$$

für jede Zeit t. Die gleiche Zuwachsrate für alle Zeiten bedeutet also ein Exponentialgesetz für die Zeitabhängigkeit.

Wann so ein Gesetz nach der Einstein'schen Theorie gilt, wurde für einen räumlich homogenen und isotropen Kosmos zuerst von Friedmann berechnet. In dieser Theorie ist die Energie E die Quelle der Schwerkraft und diese zieht alles zusammen, auch das Weltall als Ganzes. Aber auch der Druck p trägt sein Scherflein bei und ist er genügend negativ, kann er Kontraktion in Expansion umwandeln. In Anhang E sei skizziert, wie in der Einstein'schen Theorie E und p zusammen eine Expansion bewirken, sobald $E + 3p$ negativ wird. Dann sehen wir, warum wir das De-Sitter-Universum so gut bei unserer *creatio ex nihilo* brauchen können: Entsteht nämlich in dem M_P umgebenden Gravitationsbereich eine antigravitative Situation, dann würde es sich in Windeseile von der Größe L_P zu einem stattlichen Kosmos aufblähen. Hätte zu Beginn der

Keim der Welt nur $R(0) = L_P = 10^{-35}$ m, dann wäre nach $t = 35$ der Radius des Kosmos schon

$$R(t) = 10^t R(0) = 10^{35} \times 10^{-35} \text{ m} = 1 \text{ m}$$

Und um die Größe der heutigen Welt zu erreichen, wären nur mehr weitere 18 Planck Zeiteinheiten nötig, $R(35 + 18) = 10^{18}$ m. Nun ist unsere Zeiteinheit $T_P \sim 10^{-43}$ s, und das Ganze dauert nur $t = 35 + 18 = 53$ Planckzeiten. Auch wenn wir 53 zu 10^2 aufrunden, sind dies nur 10^{-41} s, eine unvorstellbar kurze Zeitspanne. Dies mag dem Leser zu schwindelerregend schnell vor sich gehen, und wenn er einwendet, das gehe ja nicht nur mit Windeseile, sondern sogar mit einer Überlichtgeschwindigkeit $> c$, so hat er recht. Unser c ist in den Planck-Einheiten gleich eins, und da $R(1) - R(0) = 10 - 1 = 9 > 1$, kann die Geschwindigkeit nicht immer kleiner als eins gewesen sein. Für so eine Größe wie dem Radius des Universums gilt aber kein Überlichtgeschwindigkeitsverbot nach dem gegenwärtigen Geschwindigkeitsstandard. Nur für so lokale Erscheinungen, wie wir es heute sind, ist es geboten. Auch in der Einstein'schen Theorie gilt: „Quod licet Iovi non licet bovi." (Sinngemäß: Den Menschen geziemt nicht alles, was Gott geziemt.) Dies soll keineswegs heißen, dass damals irgendeine Materie dem Licht den Geschwindigkeitsrekord streitig gemacht hätte. Damals verlieh die übermächtige Gravitation allem was existierte unvorstellbare Flügel und diktierte die zulässige Grenzgeschwindigkeit.

Die Rasanz der Ausdehnung des Alls können wir folgendermaßen verstehen. Die Ursubstanz mit negativem Druck (dunkle Energie) erfüllt gleichmäßig den ganzen Raum. Je größer der Raum wird, desto mehr gibt es von diesem Zeug und umso überwältigender wird die Abstoßung. Die resultierende Verletzung der Geschwindigkeitsgrenze behebt eines der Paradoxa der Kosmologie: Blicken wir nämlich nach rechts in die Ferne, sagen wir 10^{10} Lichtjahre, und dann gleichweit nach links, dann sehen wir Teile des Universums, die nie miteinander kommunizieren konnten. Ein Lichtstrahl würde von einem Teil zum anderen 2×10^{10} Jahre brauchen, und so alt ist das Universum gar nicht. Dennoch sehen wir auf beiden Seiten genau dieselben Verhältnisse, etwa genau denselben Wert der Temperatur der Hintergrundstrahlung. Aber wie konnten sich die zwei Teile dann absprechen, dass sie einander so gleichen? Einsteins Theorie gibt eine einfache Antwort: Sie sind aus demselben Ei geschlüpft, aber wurden dann mit einer Geschwindigkeit voneinander getrennt, die uns heute als Überlichtgeschwindigkeit erscheint.

Wir haben bisher die *creatio ex nihilo* in den Bereich der Möglichkeit gerückt, nur müssen wir noch zweierlei herausfinden:

A: Wo kam der „innere Zug" (negativer Druck, $p < 0$) her?

B: Wie können wir ihn ein- und ausschalten, um auf diesen rasenden Zug aufzusteigen und wieder abzuspringen?

ad A: Die Quellen, aus denen unser Gravitationsloch entsteht, haben nach Einstein 10 verschiedene Beiträge. Wenn am Anfang eine so hohe Symmetrie wie im de Sitter-Kosmos herrschte, und die auch von den Quellen respektiert wurde, dann musste laut spezieller Relativitätstheorie notgedrungen $p = -E$ gelten. Dann entstand eine antigravitative Situation. Dies ist wieder ein Hokuspokus von Einstein.

ad B: Hat sich dieser Brand so rasant ausgebreitet, wurde sicher auch normale Materie mit $E+3p > 0$ erzeugt, die dann die Antigravitation übermannt und so diese wilde Jagd bändigt. Wollen wir die Antigravitation loswerden und das Geschehen wieder in ruhigere Bahnen lenken, müssten wir die Symmetrie des de Sitter-Kosmos durch normale Materie brechen.

Die Architekten dieses „inflationären Universums" (K. Sato, A. Guth, A. P. Linde und viele andere) haben sich einige Mechanismen ausgedacht, wie man da wieder heraus kommen kann. Hier kann ich auf diese kosmische Technologie nicht eingehen; ich wollte nur einige Ideen des inflationären Universums herausarbeiten. Es ist heute das favorisierte Bild der Weltentstehung, zumal es noch weitere Paradoxa der Kosmologie beseitigt. Es zeigt, wie man den Anfang der Genesis wissenschaftlich begreifen könnte.

Die Grundlage für die Kosmologie sind die Einstein'schen Gleichungen, welche angeben, wie Raum und Zeit mit der Materie verschweißt sind. Natürlich sind sie für solch extreme Umstände noch nicht getestet, aber immerhin hat man jetzt Evidenz, dass Raum und Zeit von der Materie mitgeschleppt werden können – der so genannte Lense-Thirring-Effekt.

Er war eine der letzten, schnell verwelkten Blüten vom wissenschaftlich so fruchtbaren Boden der k.u.k. Monarchie. Jetzt, fast ein Jahrhundert später, wurde er doch noch zur Erfolgsstory.

Angefangen hat alles mit Ernst Mach (der von der „Machzahl"). Mach war ein großer Skeptiker. Er glaubte

nicht an Gott, nicht an Einstein und seine Relativitätstheorie, nicht an Boltzmann und seine Atome, ja nicht
einmal an die Möglichkeit der Luftfahrt, denn er ging
von der falschen Auftriebsformel aus. Trotz dieser negativen Einstellung hatte er fruchtbare Ideen. Er wusste,
dass man sich bei unkonventionellen Fragen nicht einfach
durch billige Antworten abwimmeln lassen darf.
Wenn man rotiert, spürt man dies offensichtlich, und
Mach fragte sich, wer bestimmt jetzt eigentlich, wer rotiert. Würde die ganze Materie starr rotieren, wäre ja
de facto nichts geschehen, denn Mach vertrat die (irrige)
Ansicht, dass es außer der Materie nichts gebe. Also kam
er zu dem Schluss, das Richtmaß müssten die Fixsterne
am Firmament sein, denn sie seien ja das einzig Fixe
im Kosmos. (Auch das stimmt nicht, die Fixsterne sind
eher kosmischer Treibsand). Doch dann setzte sich die
Vorstellung durch, dass Wirkungen etwas Lokales sind.
Für meinen Vater Hans Thirring waren Sterne keine
Götter. Er dachte, was die können, müssen auch wir können, und stellte folgende Überlegung an: Wenn man in
einem rotierenden Hohlzylinder liegt, wann fühlt man sich
in Ruhe? Rotiert man mit dem Zylinder mit, ist man zwar
relativ zu ihm in Ruhe, rotiert aber gegenüber den Sternen.
Oder gibt einem das Umgekehrte das Gefühl der Ruhe. Offensichtlich ist Letzteres der Fall. Als Schiedsrichter dafür,
wer jetzt der Stärkere sei – der nähere, aber viel leichtere Hohlzylinder oder die Sterne, die weit weg, aber viel
schwerer sind –, wählte er Einstein. Dieser hatte gerade
seine Gravitations-Theorie aufgestellt, und aus der müsste
die Antwort zu entnehmen sein. Mein Vater fand einen
Kompromiss, aber dabei waren die Sterne so bevorzugt,
dass sich dieser Effekt nicht beobachten ließ. Trotzdem

gab er nicht auf. Dann müssen wir eben was Gewichtigeres rotieren lassen, dachte er sich und fragte weiter, ob die Jupitermonde sich mehr nach dem schnell rotierenden Jupiter oder nach den Sternen richteten. Er scheute sich jedoch vor der komplizierten Rechnung, und kooptierte dafür einen Assistenten vom mathematischen Institut namens Joseph Lense – daher der Name des Effekts. Das Resultat war wieder niederschmetternd: Der Einfluss der Jupiterrotation erwies sich als viel zu klein. Jetzt gab auch mein Vater auf und schubladisierte das Ganze als „unbeobachtbar". Schließlich brach die Donaumonarchie zusammen, und mein Vater musste sich existenzielleren Problemen widmen. Er betrat nie mehr das Podium der Grundlagenforschung.

Doch die Zeit brachte, was damals niemand vorhersehen konnte: die Weltraumfahrt und die Atomuhren, beide mit Leistungen verbunden, die Anfang des vorigen Jahrhunderts unvorstellbar gewesen wären. Auf diese Weise wurden die Waffen geschmiedet, die Messungen mit der nötigen Genauigkeit ermöglichten.

Die genaue Vermessung der Bahn zweier die Erde umkreisenden Satelliten konnten den Effekt mit etwa 10% Genauigkeit nachweisen und *Gravity Probe B* sah jetzt den Effekt auf eine ganz andere Art, wobei an der Genauigkeit noch gearbeitet wird.

Die Idee hinter *Gravity Probe B* ist denkbar schlicht: Ein Kreisel hält seine Rotationsachse immer in derselben Richtung, sofern keine äußeren Kräfte auf ihn wirken. Um Letzteres zu erreichen, lässt man ihn frei im Weltraum schweben, und ohne Schleppeffekt müsste seine Rotationsachse immer auf denselben Stern zeigen. Folgt sie aber der Erdrotation, so bewegt sie ihre Achse im Sternenzelt.

Natürlich kann man dies als eine Art gravomagnetische Wechselwirkung zwischen Erde und Kreisel deuten. Aber diese muss so universell sein, dass für alle möglichen Kreisel immer derselbe Rotationswinkel herauskommt. Dann aber lässt sich sagen, dass sich der Raum verändert hat, er wurde also mitgeschleppt.

Billig war sie gerade nicht, die *Gravity Probe B*, sie verschlang insgesamt über zwei Milliarden Dollar, denn immerhin wurde an ihr jahrzehntelang gearbeitet. Francis Everitt, der als treibende Kraft hinter dem Unternehmen stand, widmete dieser Arbeit 40 Jahre, praktisch sein ganzes Forscherleben.

Der Profit liegt zunächst auf erkenntnistheoretischer Ebene. Man konnte ja meinen, Raum und Zeit seien nur Mäntelchen, die wir den Erscheinungen umhängen, und existierten nicht wirklich. Sie seien nichts Materielles, nur aus Gedanken gesponnen, reine Produkte der menschlichen Fantasie. Nach Einstein sind sie aber mit der Materie verschweißt, werden von ihr geformt und reißen sie mit. Der Lense-Thirring-Effekt ist nun die erste experimentelle Bestätigung dieses Mitschleppgedankens. Sie gibt uns die Zuversicht, dass sich die Dinge beim Urknall ebenso verhalten haben und Raum–Zeit–Materie von der Einstein'sche Gleichung geformt werden.

1.5 Verherrlichung der Genesis

Die Zeilen der Genesis gehen parallel zu unseren heutigen Vorstellungen über die Weltentstehung.

Fassen wir unsere heutigen physikalischen Vorstellungen zusammen: Für Materie gibt es den Zustand der Nichtexistenz. Er wird in der Physik „Vakuum" genannt und ist durch Energie gleich Null charakterisiert. Für die Gravitation, welche die Geometrie der Raum-Zeit diktiert, wäre das Analogon Nichtexistenz von Raum-Zeit. Allerdings ist die Energie der Gravitation negativ. Dadurch wird in der Quantengravitation das Vakuum, zusammengebracht mit Materie, instabil gegenüber der Bildung von „Urknallchen": Es ist energetisch möglich, dass eine Planckmasse Materie, konzentriert auf einer Plancklänge, von selbst entsteht. Natürlich wird dies durch einen Gamow-Faktor unterdrückt und verzögert, aber so lange es noch keine Zeit gibt, ist es ja gleich, wie lange man warten muss! Das Vakuum knistert von solchen Fünkchen, und wird eines durch Antigravitation angefacht, greift es rasant um sich und wird zum Urknall. Dann muss man aber schleunigst aus dieser de Sitter Phase aussteigen, um zu einem Kosmos unserer Fasson zu gelangen. Durch zu lange Expansion würde der Kosmos eine trostlose Einöde. Das eigentliche Wunder des ersten Tages der Schöpfung liegt im Nachsatz „Und Gott sah, dass es gut war". Wir haben bis jetzt gesehen: irgend so einen Kosmos zu schaffen, geht leicht, wenn nicht sogar mit Notwendigkeit. Aber ein für uns brauchbarer erfordert eine ungeheure Präzision. Die charakteristische Zeit war ja $t_P = 10^{-43}$ s und unser Kosmos ist 10^{10} Jahre $= 10^{17.5}$ s, also 10^{60} Planckzeiten alt. Seine natürliche Lebensdauer würde aber in Planckzeiten ausgedrückt und wäre von ihrer Größenordnung. Die Welt ist somit unverschämt alt. Von den zehn Milliarden Jahren für das Alter des Universums lassen sich jedoch nicht viele herunterhandeln, falls wir letztlich entstehen sollen. Die biologische Evolution braucht 10^9 Jahre, wenn der Urknall zu schwach gewesen wäre und das Ganze vorher wieder zusammenbräche, dann gäbe es uns nicht. Wäre er zu stürmisch gewesen, würde sich alles zu schnell verdünnen, und die für uns lebenswichtigen Elemente wie Kohlenstoff oder Sauerstoff fehlten. Sie entstehen nicht beim Urknall, sondern werden erst langsam in Sternen gebrütet und dann durch Sternexplosionen wieder unters Volk gebracht. Wären nach der ersten Generation von Sternen die kosmischen Gase, aus denen Sterne entstehen können, zu sehr verdünnt, gäbe es keine Nachfolger. Wir sind aber Kinder einer späteren Generation von Sternen. Die Entwicklung von so aristokratischen Geschöpfen wie uns braucht Zeit.

Die Weltentstehung ist wie der Start eines Satelliten um die Erde. Nimmt man zu wenig Treibsatz, fällt er gleich wieder herunter, nimmt man zuviel, entflieht er ins All. Es hat den Menschen einige Übung in Weltraumfahrt gekostet, um das richtig auszutaxieren und eine stabile Umlaufbahn um die Erde zu treffen. Beim Urknall geschah es analog, nur die Anforderungen an die Genauigkeit war unvergleichlich größer. Sie entsprächen bei der Bahn um die Erde einer Präzision von 10^{-52} m, jenseits des menschlichen Vorstellungsvermögens. Und das sollte durch Zufall geschehen sein, was für eine absurde Idee! Auch wenn man am Anfang so genau zielen wollte, um einen Kosmos mit zehn Milliarden Jahren zu erreichen, man könnte dies nicht. Doch dann kam die zuletzt besprochene Theorie der Inflation des Universums, und schwupps war in 53 t_P der Kosmos fertig und die vielen Zehnerpotenzen überwunden. So kann man zwar den Gang des Universums erklären, aber nicht vorhersagen. Der Grund dafür ist, dass der Ausstieg aus dieser schwindelerregenden Fahrt wie beim α-Zerfall wieder nur durch einen Tunneleffekt geschieht.

Beim radioaktiven Zerfall ist die Wahrscheinlichkeit des Durchtunnelns durch die elektrische Sperrmauer in jedem Augenblick gleich groß. Wann das Durchtunneln und damit der Zerfall genau geschieht, das kann niemand prophezeien. Um einen brauchbaren Kosmos zu erzeugen, müssen wir jedoch genau den richtigen Zeitpunkt erwischen. Hier sind wir wieder auf den Zufall angewiesen, und der war uns schon sehr gewogen.

Vergleichen wir nun die wissenschaftlichen Vorstellungen mit der Genesis.

Am Anfang schuf Gott Himmel und Erde.
Heute würden wir vielleicht Himmel und Erde mit Gravitation und Materie identifizieren.

Und die Erde war wüst und leer, und es war finster auf der Tiefe, und der Geist Gottes schwebte auf dem Wasser.
Sowohl für Materie als auch für Licht herrschte der Vakuumzustand, der unstrukturiert und leer ist. Anderen Geist als Gott gab es nicht.

Und Gott sprach es werde Licht. Und es ward Licht.
Die Sprache Gottes sind die Naturgesetze und nach denen ist das Vakuum in der Quantengravitation instabil. Diese Instabilität kann sich zum Urknall, einer Lichtlawine, entwickeln, die aus dem Nichts unser immenses Universum schafft. In unseren heutigen Weltmodellen dominiert tatsächlich in den ersten Zeiten das Licht, und erst viel später entwickelt sich die Materie zum führenden Energieträger.

Ich muss betonen, dass ich dies alles nicht mit prophetischem Eifer vorbringen will, sondern nur als Denkmöglichkeit hinstelle, die von der heutigen Wissenschaft geboten wird. Die Fakten können keineswegs Gott beweisen, erklären oder verständlich machen. Eine solche Wortwahl würde nur von der Überschätzung der menschlichen Erkenntnisfähigkeit zeugen. Heute haben wir ein viel grandioseres und durchgeistigteres Bild von der Schöpfung, im Vergleich dazu erscheint die Geschichte von der Schaffung der Erde vor 6000 Jahren eher armselig. Mir ist folgende, poetischere Ausdrucksweise von Jesaja für das uns geschenkte Wissen am liebsten: *Wir haben den Saum Seines Kleides gesehen.*

2 Alles nur Zufall?

2.1 Also sprach Nietzsche

„Gott ist tot", schrie Friedrich Nietzsche in seiner Ver-
zweiflung. „Irren wir nicht durch ein unendliches Nichts?
Haucht uns nicht der leere Raum an?"

Der markante Kopfsatz hat sich dann verselbstständigt
und eine aufgeklärte und selbstbewusste Gesellschaft griff
ihn fast als Kampfruf auf und pries damit den Triumph
verstandesmäßiger Durchdringung der Geheimnisse der
Natur über die Offenbarung durch den Glauben. Diese
Gesellschaft war berauscht von den bahnbrechenden Erkenntnissen der Naturwissenschaften – sei es im Bereich
der Biologie, der Physik oder der Chemie –, die frühere
Jahrhunderte gewonnen haben, und die Überzeugung, alle
Vorgänge der Natur seien in ihrer Gesetzmäßigkeit aus
wenigen Grundsätzen zu erklären, wurde für sie beinahe ein Dogma. Bewusst wagte sie die Konfrontation mit
kirchlicher Lehrmeinung, ja mit dem Glauben an Gott.
Denn war die Schöpfung also „natürlich" erklärbar, so
bedurfte es keines Schöpfer-Gottes mehr.

Im Folgenden versuche ich, der Vorstellung vom „natürlich Erklärbaren" nachzugehen und zu ergründen, in
welchem Sinne die Naturgesetze die Evolution im Kosmos
erklärbar machen.

Zunächst soll wohl natürlich erklärbar sein, was die

Spielregeln der Naturwissenschaft nicht verletzt. Bedeutet es somit, dass die Existenz eines lebendigen Gottes sich dadurch manifestieren müsste, dass Gott durch einen Kraftakt die von ihm geschaffenen Naturgesetze bricht? Denn einen Gott, der sich an die von ihm gesetzten Regeln hält, brauche man nach solcher Meinung eigentlich nicht mehr. Um diese These, deren Logik mir anfechtbar erscheint, zu überprüfen, müssen wir uns zunächst darüber klar werden, was die uns bekannten Naturgesetze leisten und wo sie überfordert sind.

2.2 Was bestimmen die Naturgesetze?

Die uns erkennbaren Naturgesetze sind ein Zusammenspiel von Zufall und Notwendigkeit.

Die Grundgesetze, welche die Evolution eines physikalischen Systems bestimmen, beziehen sich auf zwei Aspekte. Einerseits auf den „Zustand" des Systems, bestehend aus allen seinen uns zugänglichen Eigenschaften am Anfang; andererseits auf seine „Zeitentwicklung" (Dynamik), gegeben durch die Veränderung des Zustandes im Lauf der Zeit. Das „System" ist hier ein allgemeiner Begriff und wird manchmal sogar für das ganze Universum verwendet. Der Zustand eines Punktteilchens wird einfach durch die Angabe seines Ortes und seiner Geschwindigkeit festgelegt, für viele Teilchen wird er entsprechend komplizierter.

Die Zeitentwicklung spiegelt den ehernen Charakter der Naturgesetze wider, sie ist streng deterministisch: Kennen wir den Zustand am Anfang, dann können wir genau vorhersagen, wie er nach einer gewissen Zeit aussehen wird. Generationen von Physikern haben so lange an der Bewegungsgleichung für den Zustand von Systemen gearbeitet, bis sie sicher waren, dass, für gegebenen Anfangszustand, diese Gleichung eine und nur eine Lösung hat. Der Anfangszustand selbst bringt jedoch ein zufälliges Element ins Geschehen. Er ist keinesfalls durch die Naturgesetze festgelegt. Es ist wie bei einem Kartenspiel. Welches Blatt wir bekommen, bestimmt der Zufall beim Mischen vor dem Spiel, die Spielregeln legen fest, was dann geschehen darf. Der Spielverlauf im Einzelnen hängt aber noch von den Entscheidungen der Spieler ab. Auch in der Quantenmechanik regeln die Bewegungsgesetze nur die verschiedenen Möglichkeiten; welche realisiert wird, bestimmen wir durch unsere Messungen. Die mathematische Beschreibung einer solchen Dynamik kann man sich am besten so vorstellen, dass die Zustände einen (hochdimensionalen) Raum aufspannen, den „Zustandsraum". Jedem Punkt dieses Raumes entspricht ein so genau wie möglich definierter Zustand. An welchem Punkt man beginnt, ist einem freigestellt, weil dies nicht von den Naturgesetzen diktiert wird. Die Zeitentwicklung legt nun durch diesen Punkt eine Kurve. Sie gibt an, wie sich der Punkt im Lauf der Zeit im Zustandsraum bewegt und wird die „Bahn", oder gelehrter, die „Trajektorie" genannt. Da der Anfangszustand nicht von vornherein festgelegt ist, muss er erst gemessen werden. Messungen haben aber immer eine endliche Genauigkeit, deswegen kennen wir den Anfangspunkt im Zustandsraum nur ungefähr. Wir wissen lediglich, dass er sich in einem gewissen Gebiet aufhält, das wir dann auch „Zustand" nennen. Beim Vergleich mit dem Kartenspiel sind wir in der Position eines Zuschauers („Kiebitz"), der nicht in alle Blätter Einschau hat. So entschwindet nach einiger Zeit für chaotische Systeme die Vorhersagekraft der Bewegungsgleichung. Für solche Systeme gehen die aus einem Gebiet entspringenden Bahnen ihre eigenen Wege; ja, sie entfernen sich exponentiell voneinander. Hat sich ihr Abstand nach der Zeit t verdoppelt, so hat er sich nach $2t$ vervierfacht, nach $3t$ verachtfacht usw. Etwa bei der Wettervorhersage ist t rund eine Woche, hingegen bei den Bahnen unseres Planetensystems liegt diese so genannte Liapunov-Zeit t bei über zehn Millionen Jahren. Es kommt also einmal der Zeitpunkt, wo sich das Gewebe der aus einem Gebiet entspringenden Bahnen wie ein Schaum über den ganzen Zustandsraum ausbreitet. Danach weiß man eigentlich vom ursprünglichen Zustand nichts mehr. Dies wird in Abbildung 2.1 durch eine vereinfachte Zeitentwicklung veranschaulicht: Hier ist der Zustandsraum ein periodisches Quadrat, die Zeitentwicklung dehnt in einer Richtung und staucht in der dazu senkrechten. Periodisch heißt Folgendes: Kommt man auf einer Seite aus dem Quadrat heraus, führt die Periodizität auf der gegenüberliegenden Seite wieder hinein. In der Abbildung 2.1 wissen wir zunächst ziemlich genau, dass der Zustand am Anfang beim linken unteren Eck war, doch dieses Wissen wird immer verwaschener, und schließlich ist unsere Information scheinbar regellos über das ganze Quadrat verteilt. In Wirklichkeit herrscht bei der Verteilung ein komplizierter Plan. Er ist so, dass sich die Punkte wieder bei einer Ecke sammeln, wenn man die Zeitentwicklung zurück laufen lässt. Nur bleibt diese Ordnung unseren Augen verborgen.

Ich möchte die Sachlage bei chaotischen Systemen durch folgende Sprechweise ausdrücken: Ein Zustand ist erklärbar (oder „natürlich" erklärbar), wenn es einen Anfangszustand gibt, gemäß dem er eintreten wird. Er ist vorher-

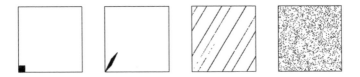

Abbildung 2.1: Die Entwicklung eines kleinen Gebietes im
Zustandsraum bei einem chaotischen Bewegungsgesetz.
Das linke Bild entspricht dem Ausgangszustand ($t = 0$).
Die folgenden Bilder erhält man nach einer, vier bzw.
acht Iterationen der Abbildung.

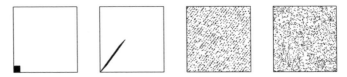

(a) Zeitentwicklung einer chaotischen Abbildung mit etwa doppelt
so starker Dehnung als in Abbildung 2.1. Die Bilder von links nach
rechts entsprechen wieder 0,1,4 und 8 Iterationen.

(b) Auf den so erreichten Endzustand (zum Zeitpunkt $t = 8$ am
rechten Rand) wird von rechts nach links fortschreitend das Inverse
der Abbildung 2.1 vier-, sieben bzw. achtmal angewendet, was den
Zeiten 4, 1 und 0 entspricht.

Abbildung 2.2

sagbar, wenn er bezüglich der meisten Anfangsbedingungen eintreffen wird. Erklärbar heißt also, dass er gemäß der Zeitentwicklung (den „Naturgesetzen") eintreten kann, nach den uns bekannten Gesetzen möglich ist; vorhersagbar heißt hingegen, dass es so sein muss, er wird von den Naturgesetzen so erzwungen. Mit dieser Terminologie kann man chaotische Systeme folgendermaßen charakterisieren:

Nach einer gewissen Zeit kann man zwar alles erklären, aber nichts vorhersagen.

Diese gewisse Zeit ist die gerade eingeführte Liapunov-Zeit. Wie lange es währt, bis die Vorhersagekraft der Naturgesetze entschwindet, hängt von den physikalischen Eigenschaften des Systems und der Zeitentwicklung ab. Aber für jede chaotische Zeitentwicklung schlägt einmal die Stunde, ab welcher man weder sagen kann, was durch den Anfangszustand jetzt vorhergesagt worden ist, noch welches genau die Zeitentwicklung war. Für alle chaotischen Zeitentwicklungen hat sich schließlich das anfängliche Gebiet über den ganzen Zustandsraum ausgebreitet. Daher ist dann für jede weitere Messung, die ja wieder nur endliche Genauigkeit hat, für verschiedene chaotische Evolutionen gleiches zu erwarten.

Durch diese Einsichten kommt das anfangs gebrachte Argument ins Wanken, denn wir können nicht feststellen, ob eine chaotische Evolution im Lauf der Millionen Jahre ein Grundgesetz gebrochen hat. Sie könnte auch anderen Regeln gefolgt sein und dasselbe uns zugängliche Resultat gezeugt haben. Um dies zu illustrieren, haben wir die Zeitentwicklung in Abbildung 2.1 (siehe S. 66) durch eine etwas stärker dehnende Abbildung ersetzt. Man erkennt in der ersten Zeile der Abbildung 2.2 (siehe S. 66), dass nach acht Iterationen etwa ein gleiches Bild wie vorhin entsteht. Um herauszufinden, ob hier ein anderes Gesetz herrscht, wird auf des letzte Bild das Inverse der Abbildung 2.1 (siehe S. 66) bis zu achtmal angewendet. Die Konfigurationen in der zweiten Zeile von Abbildung 2.2 entsprechen dabei von rechts nach links den Zeiten acht, vier, eins und null der ursprünglichen Dynamik. Wir sehen, dass das Chaos dadurch nicht entwirrt wird. Entwirren kann man nur, wenn man das Entwicklungsgesetz genau kennt.

Somit ist die Begründung, Gott sei tot, weil er sich an alle Regeln hält, nicht nur logisch fraglich, sondern auch nicht überprüfbar. Allerdings ist der Kraftmeier-Gott, der nach Belieben seine Gesetze bricht, auch unnötig. Wir werden aber sehen, dass der unsichtbare Gott viel wundersamer als durch Kraftakte wirken kann, auch wenn sich manches dem menschlichen Verständnis entzieht. Eine Verletzung der Naturgesetze durch solche Kraftakte würde man auch nicht so interpretieren, sondern man würde sagen: „Hier müssen wir die Gesetze revidieren." Nur käme dann ein willkürliches Stückwerk heraus. Wir aber sehen in unserem Universum die Ordnung gemäß eines großen Plans.

2.3 Zufall und Notwendigkeit

Können uns Wahrscheinlichkeitsbetrachtungen über den Zufall bei der Schöpfung Aufschluss geben?

Jacques Monod hat in seinem lesenswerten, wenn auch etwas dogmatischen Buch „Le hasard et la nécessité" (Der Zufall und die Notwendigkeit) klargemacht, dass bei der Entstehung des Lebens beides im Spiel war. Manches hat sich notgedrungen geformt, viele Entwicklungen haben in ihrem Lauf zwar die Naturgesetze nicht verletzt, hätten aber auch anders laufen können. In unserer Sprechweise sind diese Entwicklungen zwar erklärbar, aber nicht vorhersagbar, eben zufällig. Viele waren über diese Aussage schockiert und entrüsteten sich: „Der Mensch, die Krone der Schopfung, soll nur ein Produkt des Zufalls sein, was für eine Lästerung." Einstweilen scheint es uns, dass die biologische Evolution nur die Spitze eines Eisbergs ist. Die Entwicklung des gesamten Universums wird von solchen Zufällen bestimmt, wir Menschen sind in guter Gesellschaft. Wir werden in den späteren Kapiteln den einzelnen Etappen der kosmischen Evolution nachgehen und untersuchen, wie zufällig die einzelnen „frozen-in accidents", (eingefrorene Zufälle nach Murray Gell-Mann) wirklich sind. Einzeln betrachtet nicht unerklärlich, sind sie in ihrer Summe doch bemerkenswert.

Aber was meinen wir eigentlich mit dem Wort „Zufall"? Wenn jemand beim Roulette auf 7 setzt und die Kugel rollt auf 7, so verletzt dies kein Naturgesetz. Setzt er noch einmal auf 7 und sie rollt wieder auf 7, so sagt man „Der hat aber Glück gehabt". Geschieht dies aber zehnmal wieder, werden alle schreien: „Das kann kein Zufall sein".

Hat derjenige ein Flair von Übernatürlichkeit, so wird man sagen: „Er hat ein Wunder gewirkt", hat er dies nicht, dann einfach: „Das muss gemogelt sein." Nachdem sich in der Entwicklung des Kosmos die Zufälle immer so wenden, dass die Menschheit schließlich entstehen konnte, wird man fragen: „Vielleicht hat Gott doch ein Wunder gewirkt und an den vielen Scheidewegen die Weichen so gestellt, dass sein Ebenbild erscheinen möge." Natürlich ist das Wort „Ebenbild" immer sehr eingeschränkt zu verstehen, aber bevor wir uns von solchen Gedanken hinreißen lassen, sollten wir jedoch prüfen, was sich hinter dem Wort Zufall verbirgt. Ein zufälliges Geschehen wird nicht durch die uns bekannten Naturgesetze erzwungen. Dieses Wort scheint daher eher eine Aussage über den gegenwärtigen Stand der Wissenschaft zu beinhalten.

Die Aussage „Die Evolution hat zufällig eine günstige Wendung genommen", besagt wenig, denn eine Wendung muss sie ja nehmen, warum also nicht eine günstige? Schon mehr Sinn kann man der Aussage „Die Evolution hat eine unwahrscheinliche Wendung genommen" geben. Man ist aber nicht an einer bestimmten Wendung interessiert, es gibt sicher viele gleich günstige, und mit jeder von ihnen wären wir zufrieden. Zum Beispiel, es ist uns eigentlich egal, wo sich die Erde auf ihrer Bahn um die Sonne, die nahezu einen Kreis beschreibt, gerade befindet. Hauptsache ist, wir sind von ihr weder zu nahe noch zu weit entfernt, damit es nicht zu heiß oder zu kalt ist. Die Wahrscheinlichkeit einer solchen Klasse von günstigen Fällen ist gleich: (Zahl der günstigen Fälle) / (Gesamtzahl aller Fälle). Dies ist für uns ein brauchbarer Begriff, zumal bei unseren physikalischen Systemen die Gesamtzahl aller Fälle zwar immens groß, aber in einem endlichen Uni-

versum doch endlich ist. Ihre Endlichkeit ist eine Folge
der Quantenmechanik, in welcher der Zustandsraum so
etwas wie eine körnige Struktur besitzt. Auch sollten im
Universum alle Möglichkeiten, die mit den Naturgesetzen
verträglich sind, ausgeschöpft werden, denn am Anfang
war es unvorstellbar heiß und die statistische Physik sagt
uns, dass dann alle Möglichkeiten gleich wahrscheinlich
vertreten sind.

2.4 Ein Kugelspiel

Wir wollen unsere Wahrscheinlichkeitsbetrachtungen an
einem einfachen Beispiel konkretisieren. Nehmen wir an,
wir hätten N nummerierte Kugeln, und jede hätte nur
eine von 2 Eigenschaften, sagen wir „weiß" oder „schwarz".
Dann gibt es für zwei Kugeln vier Möglichkeiten der Zusammensetzung: (weiß, weiß), (weiß, schwarz) (schwarz,
weiß) (schwarz, schwarz), für $N = 3$ acht Möglichkeiten,
allgemein 2^N Möglichkeiten für die Kugelkollektion. Nehmen wir an, die günstigen Möglichkeiten seien die mit
einer gewissen Ordnung. Ordnung ist das Gegenteil von
Unordnung, also alles durcheinander oder 50% schwarz,
50% weiß. Für $N = 2$ haben sich Ordnung und Unordnung
die Waage gehalten, es gab 2 einfärbige und 2 gemischte
Möglichkeiten. Für $N = 3$ gibt es zwei einfärbige und
daher $6 = 8 - 2$ gemischte. Für größere N nimmt die Zahl
der möglichen Farbverteilungen mit insgesamt der Hälfte
der Kugeln schwarz, der anderen weiß, rasant zu. Grob gesprochen gibt es viel mehr Unordnung als Ordnung. Diese
Überlegungen werden jetzt etwas mathematisch, und ich
möchte nicht alle Leser damit belasten. Ich will dies im
Anhang F genauer ausführen; zunächst gebe ich nur das

Resultat an und bitte um Geduld. Allgemein ist die Zahl z_n der Möglichkeiten der Zusammensetzung mit n Kugeln einer Farbe und daher $N - n$ der anderen durch folgende Gleichung gegeben:

$$z_n = \frac{1 \cdot 2 \cdot 3 \cdot \ldots \cdot N}{[1 \cdot 2 \cdot \ldots \cdot n][1 \cdot 2 \cdot \ldots \cdot (N - n)]}$$

Die Wahrscheinlichkeit w_n für die Tönung $(n, N - n)$ ist nach unserer Definition der Wahrscheinlichkeit

$$w_n = z_n / 2^N,$$

denn 2^N ist die Zahl aller möglichen Färbungen. Am größten ist sie für die Mischung $n = N/2$ (größte Unordnung) und nimmt mit wachsender Ordnung rasant ab. Wenn d die Abweichung von 50:50 ist, also $n = (N/2)(1 + d)$, so wird, wenn wir w an Stelle von n durch d bezeichnen,

$$w_d = 2^{-Ncd^2} w_0,$$

wobei die Zahl c etwa gleich eins ist (Die Rechnungen, die zu diesen Gleichungen führen, finden sich auch im Anhang F). Jedenfalls nimmt w_d mit wachsendem N rasant ab. Auch wenn cd^2 nur $1/1000$ ist, also n doch sehr scharf bei $N/2$ liegt, wird für $N = 10^6$ die Wahrscheinlichkeit w_d schon fast Null. w_d ist nur mehr w_0, also die Wahrscheinlichkeit von $n = N/2$, gebrochen durch fast 2^{1000}. Diese Potenz würde ausgeschrieben viele Zeilen füllen. Das Genie eines Ludwig Boltzmann hat den Logarithmus der Zahl der Verteilungen als Maß der Unordnung eingeführt und erkannt, dass diese Größe in der Thermodynamik unter dem Namen „Entropie" eine zentrale Rolle spielt. Sie

72

wird üblicherweise mit dem Buchstaben S bezeichnet, und ihre genauere Definition finden wir am Grabe Botzmanns eingemeißelt:

$$w_n = 2^{S_n}.$$

Wir werden der Entropie in Kapitel 6.2 wieder begegnen, allerdings in einer vereinfachten Form.

2.5 Wie unwahrscheinlich ist Ordnung?

Eines der Geheimnisse des Kosmos ist spontane Entstehung geordneter Strukturen.

Unsere Betrachtungen zeigen, dass bei einer großen Zahl N unabhängiger Teile mit größter Wahrscheinlichkeit Unordnung herrscht; ein erwartetes Ergebnis. Danach ist die Wahrscheinlichkeit, dass sich in der Entwicklung des Universums aus dem anfänglichen Chaos die bei uns herrschenden geordneten Verhältnisse gebildet haben, zunächst extrem klein. Nach der Quantenmechanik haben wir für N in unserem einfachen Beispiel die Zahl der Atome einzusetzen, also 10^{24} für einen Körper unserer Größe und 10^{80} für das gesamte Universum. Es nützt also nichts, zu sagen, es gibt 10^{11} Milchstraßen mit je etwa 10^{11} Sternen, also 10^{22} Sterne insgesamt, und auf einem würde sich dann schon zufällig Ordnung einstellen. Trotz unseres Reichtums an Sternen wird dies nicht geschehen, w_d ist einfach zu klein. Sogar für $d = 1/1000$ und $N = 10^{80}$ wird dann

$$w_d = 2^{-10^{75}} \sim 10^{-10^{74}}.$$

Die Zahl der nötigen Sterne hätte also 10^{74} Nullen, die Zahl unserer Sterne hat aber nur 22; 22 ist jedoch gar nichts gegenüber 10^{74}! Wir sehen, dass wir mit unseren a priori Wahrscheinlichkeiten hoffnungslos daneben gehen, wir müssen nach anderen Gesichtspunkten suchen.

Eine der wesentlichsten Eigenschaften der Zeitentwicklung chaotischer Systeme ist die ebenfalls von Boltzmann untersuchte Ergodizität. Sie besagt, dass das System im Lauf der Zeit alle ihm gebotenen Möglichkeiten durchläuft, und zwar im Zeitmittel alle gleich oft. Dann sollte auch die oben angeführte Wahrscheinlichkeit einer günstigeren Möglichkeit gerade angeben, wie oft man sie im Zeitmittel antrifft. Für große Systeme hätten wir dann wieder nur einen verschwindenden Bruchteil der Zeit, bei dem man Ordnung findet. Da es aber bei großen Systemen so immens viele Möglichkeiten gibt, ist die Zeit, bis alle durchlaufen sind, viel länger als das Alter des Universums. Daher ist so ein Zeitmittel für uns irrelevant. Es erhebt sich dann die Frage, ob es vielleicht einen Königsweg gibt, bei dem zunächst nur die günstigeren Möglichkeiten durchlaufen werden und die ungünstigen überbrückt sind. Letztere würden dann erst am St. Nimmerleinstag erscheinen und uns nichts mehr angehen. Auf dem Niveau der Allgemeinheit, auf dem wir bisher argumentiert haben, ist nicht zu entscheiden, ob dies zutrifft. Es ist aber denkbar, so meint man etwa in der Biologie, dass die natürliche Auslese eine einmal eingeschlagenen Richtung weiterführt, ohne Rücksicht auf Ergodizität.

In den folgenden Kapiteln werden wir die Zufälle bei den einzelnen Etappen der Evolution des Kosmos besprechen. Es sei dem Leser überlassen, wie zufällig er sie findet. Allerdings gibt es stets kluge Leute, die ersinnen raffinierte

Mechanismen, um diese Zufälle zu erklären. Die meisten dieser Theorien taugen nichts und wandern in den Papierkorb. Wenn dann ein Modell funktioniert, wird es mit Triumphgeschrei veröffentlicht und als ganz natürlich empfunden. So werden wir im Kapitel 6.2 Gesetze finden, die zwangsläufig Ordnung erzeugen. Allerdings sind das nur Karikaturen der Gesetze, die wir als fundamental ansehen. Wie gut sie letztere wiedergeben, lässt sich schwer sagen, vielleicht funktionieren sie nur „zufällig". Es wäre aber töricht, alles nur als Zufall abzutun. Große Entdeckungen der Wissenschaft fanden ihren Anfang, wenn jemand weiterverfolgte, was Generationen als Zufall angesehen hatten. Etwa ist die Wurzel der für uns wichtigen Einstein'schen Gravitationstheorie die Gleichheit von träger und schwerer Masse, die bis dahin als Faktum akzeptiert wurde. Einstein hat aber erkannt, dass dahinter etwas Tieferes steckt und hat uns so das eigentliche Wesen der Schwerkraft als Geometrie von Raum und Zeit offenbart. Diese Geometrie bestimmt, wie sich Wirkungen fortpflanzen können, und die Schwerkraft wird so zur Herrscherin über die Kausalität. Man darf also wundersamen Tatsachen im Kosmos nicht mit vorgefassten Meinungen entgegentreten und andere Interpretationen einfach mit im Augenblick ungeliebten Schlagwörtern belegen und dadurch abtun.

Zum Schluss dieses Kapitels möchte ich am Beispiel dreier Episoden aus meinem Leben erzählen, wie mir die verschiedensten Größenordnungen begegnet sind. Sie illustrieren neben Zufall und Notwendigkeit die Kapriolen, welche die wissenschaftliche Evolution schlagen kann.

2.6 Beschränkung auf Größenordnungen erhöht den Überblick

Grundpfeiler der heutigen Naturwissenschaft blieben lange unverstanden.

Das in Kapitel 1.2 skizzierte Rechnen mit Zehnerpotenzen hat mich schon als Schüler fasziniert und mich zu den ersten wissenschaftlichen Erlebnissen geführt. Nicht, dass ich mich noch im Detail erinnern könnte, was wir an Naturwissenschaften in unserer Schule gelernt haben, aber ihre Adresse ist mir noch präsent: Wien 19, Alfred Wegenergasse 10-12. Ich fragte mich lange, wer war dieser Alfred Wegener, nach dem zumindest eine Nebengasse benannt war, und endlich bekam ich die Antwort: „Das war ein Professor in Graz, der war Polarforscher und ist dann in Grönland verunglückt. Außerdem hatte er die verrückte Theorie, die Kontinente könnten auf der Erdoberfläche wie Eisschollen treiben, aber das ist natürlich Unsinn". Dennoch faszinierte mich diese Idee und mir schien, wenn die Erde im Inneren flüssig ist, könnte sie sich doch oben etwas wie Schollen leisten. Da kam mir das Bild eines Erdbebens in den Sinn, bei dem sich die Erde handbreit aufgetan hatte, und ich machte folgende Rechnung: Wenn irgendwo pro Jahr ein solches Erdbeben geschieht, verschiebt sich die Erdkruste pro Jahr um 10^{-1} m, daher in hundert Millionen Jahren um $10^8 \times 10^{-1}$ m = 10^7 m = 10^4 km, also zehntausend Kilometer. Das ist bequem gemessen der Abstand zwischen Europa und Amerika, also können in dieser Zeit schon Kontinente zusammenwachsen oder sich trennen; wie genau, scheint zufällig. Als ich versuchte, meine Überlegungen publik zu machen, wurde mir empfohlen, solche Zahlenspielereien lieber bleiben zu lassen und den Fachmännern zu vertrauen. Tatsächlich wurde Wegeners Kontinentaldrifttheorie damals (1938) nicht nur an unserer Schule abgelehnt, sogar in meiner Encyclopedia Britannica (1967) kommt Alfred Wegener nicht vor. Ich konnte den psychologischen Grund für diese Ablehnung nie verstehen. Vielleicht spukte noch die Mär von 6 000 Jahren für das Weltalter herum; in dieser Zeit käme man nach obiger Überlegung nur 600 m weit und nicht bis Amerika. Heute ist die Kontinentaldrift das Dogma einer ganzen Wissenschaft, der Plattentektonik; sie wird als Scheide zwischen Aberglauben und profundem Wissen angesehen.

2.7 Will einer nur die Größenordnung und ein anderer die genaue Zahl wissen, kann es zu Missverständnissen kommen.

Wissenschaftliche Resultate lassen sich unter verschiedenen Blickwinkeln betrachten.

Bei einem Jubiläum hörte ich zwei Vorträge, welche das hohe Niveau der Physik in Österreich der Zwischenkriegszeit priesen. Der Theoretiker betonte, dass hier die besten quantentheoretischen Rechnungen in der Kernphysik gemacht worden seien, und der Experimentalphysiker wies mit Stolz darauf hin, dass die genauesten Messungen der Radioaktivität aus Wien stammten. In der Pause fragte ich meinen Freund Willibald Jentschke (den Gründer des Deutschen Elektron Synchrotrons): „Sag, Willy, wenn ihr alle so gut wart, wieso sind dann die großen Entdeckungen doch woanders gemacht worden?" Er antwortete, es hätte Kontaktschwierigkeiten zwischen Theoretikern und Experimentalphysikern gegeben, und er schilderte mir folgendes kleines Drama:

[Ein Theoretiker und ein Experimentator haben getrennt über dasselbe Problem gearbeitet und sie treffen einander zufällig.]

Der Theoretiker: Herr Kollege, es ist mir jetzt gelungen, die Lebensdauer für den α-Zerfall der Substanz X zu berechnen, und sie ist ein Monat.

Der Experimentator: Das ist leider ganz falsch, denn ich habe sie eben genau gemessen, und sie ist ein Monat, zwei Wochen, drei Tage und fünf Stunden.

Der Theoretiker: Die Wochen sind mir auch schon Wurst!

[Der Experimentator verlässt entsetzt über diese Einstellung die Szene, und sie reden nie mehr miteinander.]

Um diese lehrreiche Geschichte zu würdigen, muss man sich das Bild vom α-Zerfall vor Augen halten. Dabei handelt es sich um Folgendes: Die Substanz, aus der schwerere Atomkerne bestehen, hat eine klumpige Struktur, die kleinsten Klümpchen sind ident mit den Atomkernen des Elements Helium. Aus historischen Gründen hat sich dafür die Bezeichnung α-Teilchen eingebürgert. Da sie auch positiv geladen sind, werden sie vom Atomkern abgestoßen und deswegen letztendlich hinausgeschleudert. Das α-Teilchen wirbelt im Atomkern mit unvorstellbarer Geschwindigkeit herum und schlägt 10^{22} Mal pro Sekunde (von innen) an die Kernoberfläche an. Vielleicht erst nach 10^{28} Versuchen findet es zufällig eine undichte Stelle und kann entweichen. Manchmal dauert es noch viel länger. Natürlich kann man so gigantische Zahlen wie diesen Gamow-Faktor nicht aus einfachen Modellen genau ausrechnen. Den Sprung von 10^{-22} s zwischen zwei Ausbruchsversuchen bis zum Gelingen nach 10^6 s vorherzusagen ist aber schon eine tolle Leistung, die der Experimentator nicht erfasste. Er kannte wahrscheinlich Einsteins weisen Spruch „besser ungefähr richtig als genau falsch" nicht, und hatte wohl die vielen Anwendungen der Radioaktivität im Auge, für die eine genaue Kenntnis der Lebensdauer dieser Atomkerne die Grundlage schafft. Diese praktischen Seiten waren wieder dem Theoretiker egal, so konnten sie nicht zueinander finden, und das wissenschaftliche Klima blieb auf der Strecke.

2.8 Will man etwas zu genau wissen, kann man trüben Bodensatz aufrühren und erntet wenig Dank.

Manchmal bringen Verfeinerungen von Rechnungen riesige Effekte zu Tage.

Ich will zum Abschluss der Erlebnisse mit großen Zahlen von meiner ersten Begegnung mit Wolfgang Pauli erzählen. Ich hatte das Glück, von Herbst 1951 bis Sommer 1952 bei ihm als wissenschaftlicher Mitarbeiter an der ETH in Zürich tätig zu sein. Mit 24 Jahren hatte ich zwar schon einige kleinere wissenschaftliche Arbeiten veröffentlicht, aber gegenüber dem großen Pauli war ich natürlich ein Nichts. Das ließ er mich aber nicht spüren, sondern be-

Abbildung 2.3: Die Protagonisten im Jahr 1952: Angas Hurst, Wolfgang Pauli und Walter Thirring, um 1952

handelte mich wie seinesgleichen. Dies soll nicht heißen, dass er nur zuckersüß war; so sagte er sogar zu einem Kollegen einmal: „Herr ..., ich habe ja nichts dagegen, dass Sie so langsam denken, mich stört nur, dass Sie schneller publizieren als denken."

Pauli ließ mir freie Hand, welche Probleme ich lösen wollte, und ich war in meiner Wahl nicht gerade bescheiden. Damals wurde eine von Pauli und Heisenberg angebahnte Entwicklung zur Gewissheit, und sie sollte unsere Vorstellungen vom Wesen der Materie in neue Bahnen leiten. Nach ihr ist Materie einem steten Entstehen und Vergehen unterworfen, neben unserer sichtbaren Welt (sie sei Diesseits genannt) gibt es eine Art Schattenwelt (sie sei Unterwelt genannt). Sie erfüllt den ganzen Raum und enthält den Plan für alle atomaren Teilchen. Diese existieren in ihr nicht real, sondern nur als Möglichkeiten. Aber wenn man genügend Energie investiert, so kann man Teilchen von der Unterwelt ins Diesseits befördern, so wie die α-Teilchen aus dem Atomkern ausbrechen. Sogar wenn man arm ist, und keine Hochenergiemaschine hat, gibt es gelegentlich Besucher aus der Unterwelt (virtuelle Teilchen). Für das Elektron sind dies Photonen, Positronen und andere Elektronen, die es etwa 1% der Zeit umschwirren und an seinem magnetischen Moment rütteln. Dieses wird dadurch von 1 (in geeigneten Einheiten) auf 1.001 verändert (erste Generation). Diese Besucher werden ihrerseits von weiteren Besuchern begleitet, die wiederum den Wert um 10^{-4} verändern (zweite Generation). Nun gab es damals Präzisionsmessungen, welche den Effekt der ersten Besuchergeneration bestätigten, und seither jagen Experimentatoren und Theoretiker einander. Erstere messen immer genauer und zwingen die Theoretiker, den Einfluss immer weiterer Generationen zu berechnen. Die Theoretiker tun es und zwingen ihrerseits die Experimentatoren, immer genauer zu messen, bis wir heute beim magnetische Moment μ des Elektrons mit

$$
\begin{aligned}
\mu_{Exp} &= 1.00115965219 \pm 0.000000000041 \\
\mu_{Theor} &= 1.00115965219
\end{aligned}
$$

bei der genauesten Übereinstimmung zwischen Theorie und Experiment in der ganzen Physik angelangt sind. $\pm$ bei μ_{Exp} gibt den möglichen Messfehler an. Dem kritischen Leser wird verdächtig erscheinen, dass Theorie und Experiment haargenau übereinstimmen, und er wird dies vielleicht für Schwindel halten. Das stimmt zu einem gewissen Grad. μ_{Theor} hängt von einigen Naturkonstanten ab, die sich einzeln nicht so genau messen lassen. Der Experimentator sieht also μ_{Exp} als eine Messung dieser Konstanten an und adjustiert sie so, dass μ_{Exp} genau mit

μ_{Theor} übereinstimmt. Manche meiner Kollegen wollen lieber den Mittelwert aus anderen Messungen für diese Konstanten verwenden. Dadurch verändern sich die letzten Dezimalstellen etwas, aber die Übereinstimmung bleibt beeindruckend. Sie zeigt, wie genau, trotz quantenmechanischer Unschärfen, das von der Theorie angebotene Bild von den Besuchern aus der Schattenwelt stimmt.

Mich faszinierte damals die genaue Zahl nicht so sehr, mir schien dies eher ein Amüsement für einfältigere Gemüter zu sein. Mir ging es nur ums Prinzip, das Bild von den Besuchern aus der Unterwelt. Würden die Beiträge folgender Generationen immer kleiner werden oder könnten die sich einmal zusammenballen und eine Lawine auslösen? Ich hatte das Gefühl, dass so etwas möglich wäre, und wollte dafür einen mathematischen Beweis erbringen. Für das magnetische Moment des Elektrons war der Rechenaufwand zu groß, so wählte ich eine einfachere Eigenschaft eines hypothetischen Teilchens. Um nicht zuviel Platz für ein Seitenthema zu vergeuden, sei im Weiteren die Chronologie im Telegrammstil erzählt.

1.12.1951: Ich zerbreche mir den Kopf, wie man weiteren Generationen beikommen könnte, wenn schon die Berechnung der zweiten Generation den besten Rechnern Monate kostet.

1.2.1952: Berge von Rechenzetteln im Papierkorb, aber kein Fortschritt.

10.2.1952: Die Beiträge der zehnten Generation sind schon so winzig, dass ich mich bereits weit jenseits des jemals Messbaren bewege.

82

15.2.1952: In der 50. Generation sind die Beiträge nur mehr 10^{-50}.

20.2.1952: Es gelingt mir zu zeigen, wenn ich schon die Beiträge der n-ten Generation nicht genau berechnen kann, so sind diese zumindest größer als eine von mir angebbare positive Zahl.

21.2.1952: Oho, ab der etwa 60. Generation gerät die Abnahme ihrer Beiträge ins Stocken.

22.2.1952: Pauli tritt ins Zimmer.
Pauli: „Herr Thirring, nächstes Wochenende macht die ETH ein Schiwochenende, wollen Sie da nicht mitkommen?"
Ich: „Das wäre sicher sehr schön, Herr Professor, aber ich möchte doch die Arbeit hier fertig machen."
Pauli: „Diese kleinen Bemerkungen, die Sie immer publizieren, können Sie auch auf der Schihütte zusammenschreiben."

23.2.1952: Die Trendwende hält an, und ab der dreihundertsten Generation werden die Beiträge so groß wie am Anfang. Ich habe also wirklich eine Lawine losgetreten.

1.3.1952: Ich berichte mit Stolz Pauli mein Resultat.
Pauli: „Aber wie haben Sie die einzelnen Beiträge endlich gemacht, eigentlich sind sie ja unendlich?"
Ich: „Ich habe die Rechenvorschrift verwendet, die Sie mit Villars publiziert haben."
Pauli: „Das war von uns nur ein mathematischer Trick. Heute weiß man, dass dies Differenzen großer Zahlen sind, und damit Ihr Resultat physikalische

Bedeutung haben soll, müssen Sie schon diese Differenz abschätzen." (Im jetzigen Jargon Renormieren statt Regularisieren.)

2.3.1952: Es wird mir klar, dass eine Schranke für diese Differenz ein Problem von wieder einem höheren Schwierigkeitsgrad ist, aber nach dem bisherigen habe ich vor nichts mehr Angst.

1.4.1952: Berge von Rechenzettel im Papierkorb, aber kein Fortschritt.

1.5.1952: Es gelingt mir zu zeigen, dass diese Differenz auch nicht viel kleiner ist als mein erstes Resultat, dieses hält also.

2.5.1952: Pauli tritt ins Zimmer: „Sie haben Konkurrenz bekommen. Ich bekomme eben eine Arbeit von Angas Hurst, einem Australier, der jetzt in England arbeitet. Er hat dasselbe ausgerechnet wie Sie und kommt zum gleichen Schluss. Schauen Sie sich das an."

3.5.1952: Die Arbeit von Hurst enthält mein erstes Resultat, aber nicht mein weiteres. Dank der Kritik von Pauli bin ich um eine Nasenlänge vorne. Ich kann also meine Arbeit publizieren und sie wandert nicht zu den vielen Rechenzetteln in den Papierkorb.

P.S.: Angas und ich wurden später gute Freunde, und unsere Arbeiten gemeinsam mit einer von André Petermann, der zur selben Zeit unabhängig zum selben Schluss kam, leben noch immer in der Literatur.

P.P.S.: Auch heute, ein halbes Jahrhundert später, ist noch nicht klar, warum es bei Elektronen und Photonen nicht zu dieser Besucherlawine kommt. Aber dass es eine solche geben kann, ist durch viele Experimente bewiesen und daher unbestritten. Vermutlich war die Entstehung des Universums, der Urknall, eine solche Lawine. Seine in Kapitel 1 besprochene Teilchenflut waren virtuelle Teilchen aus der Unterwelt, die durch die Gravitationsenergie entfesselt wurden.

3 Wie konnten chemische Elemente entstehen?

3.1 Ist Materie wie eine Matrioschka gebaut?

Ist das Kleine stets eine Wiederholung des Großen?

Eine der größten geistigen Leistungen des Altertums war die Atomlehre von Leukipp und Demokrit. Durch rein philosophische Betrachtungen ersannen sie eine Grundstruktur der Materie, deren empirische Bestätigung Jahrtausende entfernt war. Es war nicht nur ein Zufallstreffer phantastischer Vorstellungen, sondern sie haben tatsächlich den Kern des Problems getroffen. Sie argumentierten: Materie zeigt Unzerstörbarkeit, aber Wandlungsfähigkeit und sie besäße beide Eigenschaften, bestünde sie aus unzerstörbaren Teilen, den Atomen. Verschiedene Anordnungen dieser Atome würden der Materie vielfältige Formen verleihen. Genauso sehen wir es heute, wo wir im Besitz eines wesentlich verfeinerten Bildes sind. Aber erst in unserer Zeit konnte man Atome direkt sehen, so dass der Streit um die Atomtheorie lange währte und Ende des 19. Jahrhunderts seinen Höhepunkt erreichte. Die Atomisten um Ludwig Boltzmann konnten durch die Hypothese von Atomen vieles erklären, wie zum Beispiel die Thermodynamik, aber die Energetiker um Wilhelm Ostwald überzeugte dies nicht; sie glaubten an einen kontinuierlichen Untergrund allen Seins. Als Anfang des 20. Jahrhunderts die Wilsonsche Nebelkammer die Spuren einzelner atomarer Teilchen sichtbar machte, mussten die Energetiker aufgeben und Boltzmanns Ideen traten, leider erst nach seinem Tod, ihren Siegeszug an. Wenn wir heute fragen, wer hatte Recht, so ist die Antwort differenziert. Für den Hausgebrauch hatte natürlich Boltzmann Recht, auf dem Niveau der Chemie erscheint alles atomistisch. Auf dem tieferen Niveau der Quantenfeldtheorie steht heute das Feld als ein kontinuierlicher Untergrund alles Geschehens. Teilchen sind nur lokale Anregungen davon, sie sind nur unter bestimmten Umständen unvergänglich.

Aus dem Atomismus hatte sich das materialistisch-deterministische Weltbild entwickelt, welches heute nicht mehr haltbar ist. Wie schon gesagt, ist bei chaotischen mechanischen Systemen das Geschehen nach längerer Zeit nicht durch die realisierbaren Anfangszustände völlig determiniert. Die Quantenmechanik bewirkt eine universelle Schranke für diese Unbestimmtheit des Zustandes. Ich möchte hier das Wort Kausalität nicht verwenden. Für manche Philosophen ist es tabu, für viele Physiker durch die Quantentheorie widerlegt. Je nachdem, was man der simplen Aussage „alles Geschehen muss eine Ursache haben" für eine genauere Bedeutung zumisst, kann man darüber sehr viel argumentieren. Das Wort „Vorhersagbarkeit" scheint mir günstiger, und diese gilt in der heutigen Physik nicht uneingeschränkt. Der Glaube, dass im Prinzip auch die verbleibenden Unsicherheiten durch die Bewegung der Atome bestimmt seien, ist ein ideologischer Überbau, der nicht durch die uns zugänglichen Naturgesetze begründet ist. Die Position der aristotelischen Philosophen war entgegengesetzt, nämlich das Geschehen ist nicht allein durch die lokalen Wechselwirkungen der Atome bedingt, sondern durch das Streben zu einem Endzweck. Letzteres entspricht zwar einem Prinzip in den mechanischen Grundgleichungen, aber die aristotelische Position konnte nicht zu einer fruchtbaren physikalischen Theorie ausgebaut werden. Allerdings werden wir im nächsten Kapitel anhand eines einfachen mechanischen Modells sehen, dass die Begriffe Zufall, Notwendigkeit und Endzweck alle eine Rolle spielen, und jeder auf seine Weise Berechtigung hat. Die zunächst gefundenen Atome bestanden wieder aus Teilen, der 10^{-10} m großen Elektronenhülle und dem viel kleineren, 10^{-14} m großen Atomkern. Aber auch dieser war wieder zerlegbar in Protonen, P, und Neutronen, N. Die Frage war also: Haben wir so etwas wie die russische Puppe Matrioschka vor uns? Wenn man einen Teil aufschraubt, ist dann wieder ein kleinerer drinnen. Kann man nun diesen Vorgang beliebig wiederholen, oder kommt man einmal zu einem Ende? Natürlich war die Antwort auf diese Frage von Vorurteilen geprägt. Vladimir Lenin verkündete einmal, die Materie sei unerschöpflich, so dass sich die ihm Hörigen eine unendliche Matrioschka vorstellten. Heisenberg hingegen dachte sich: Einmal muss ein Ende sein, und zwar am besten gleich jetzt, denn dann kann ich den Schlussstrich unter die Physik ziehen, und die letzte physikalische Theorie entwerfen. Die Antwort auf die Frage, ob eine unendliche oder endliche Matrioschka brauchbar ist, konnte aber nicht durch bloßes Philosophieren entschieden werden, sondern nur durch das Experiment selbst. Heute haben wir die Antwort und sie lautet: „weder noch". Um mit Wilhelm Busch zu sprechen, „auch hier, wie überhaupt, kommt es anders als man glaubt".

Bevor ich Heisenbergs letzte Theorie schmähe, muss ich

88

ihn noch etwas rühmen. Schon als ganz junger Mann mit 24 Jahren schrieb er die phantastischste geistige Erfolgsstory des 20. Jahrhunderts. Er hatte versucht, die Bewegung der Elektronen in der Elektronenhülle der Atome auf die übliche Weise durch Angaben ihrer Positionen x und Impulse p zu beschreiben. Dabei stolperte er von einem Widerspruch zum nächsten und postulierte schließlich, nach vielem Probieren, in einer fast mystischen Eingebung, für diese Größen die nach ihm benannten Relationen

$$xp - px = i\hbar \qquad \text{(H)}$$

$\hbar$ bezeichnet die uns schon bekannte Plancksche Konstante, die hier noch mit der imaginären Einheit i gepfeffert ist. Was das Ganze genauer heißen sollte, darum kümmerte er sich nicht, er hat (H) einfach verwendet und eilte damit von Erfolg zu Erfolg, über den Nobelpreis, bis zum ewigen Ruhm, die allertiefste physikalische Theorie, die Quantentheorie, mitgegründet zu haben. Was (H) nun mathematisch zu bedeuten hat, war ein Verwirrspiel, das sich erst langsam entfaltete. Max Born, einer der Mentoren Heisenbergs, war ein gebildeter Herr und wusste, dass für Matrizen das kommutative Gesetz für Multiplikation $xp = px$ nicht gilt. Matrizen stellen Operationen wie Drehungen dar, und Multiplikation heißt, die Operationen nacheinander ausführen. Dafür gilt das kommutative Gesetz nicht: Man nehme ein Buch und drehe es um eine horizontale Achse um 90° und dann um die vertikale Achse um 90° nach rechts. Führt man dies in umgekehrter Reihenfolge aus, so kommt das Buch in eine andere Position. So dachte man, x und p wären Matrizen, und nannte das ganze Matrizenmechanik. Bald kam man darauf, dass

(H) durch Matrizen nicht erfüllbar ist, und zog sich auf einen abstrakteren Standpunkt zurück: man sagte x und p sind Operatoren. Ein Operator ist etwas, das aus einem Vektor einen anderen Vektor macht. Man fand aber, dass (H) nur gelten kann, wenn x und p einen beliebig kleinen Vektor in einen beliebig großen Vektor verwandeln können. Solche Operatoren nennt man unbeschränkt. Um (H) zu retten, postulierte man also, dass x und p unbeschränkt sind. Solche Operatoren haben aber den Nachteil, dass sie gar nicht für alle Vektoren zu definieren sind, sondern nur für bestimmte Vektoren, die einen so genannten Bereich bilden. (H) bestimmt also nur etwas, wenn man auch seinen Definitionsbereich angibt, für verschiedene Bereiche kommt etwas ganz anderes heraus. Die Bereichsfrage hat Heisenberg aber nie beantwortet, er war sich des Problems gar nicht bewusst. Das beeinträchtigte die Erfolge Heisenbergs und seiner Gefolgschaft in keiner Weise, sie nahmen sich einfach, was sie brauchten. Rückblickend muss man Heisenberg Recht geben; hätte er sich aufgehalten (H) zu enträtseln, hätte ihn das Jahre gekostet. Einstweilen hätten Schrödingers Epigonen den Rahm abgeschöpft. Erst Jahrzehnte später wurden die Physiker stärker von Skrupeln geplagt, und um das zu bereinigen, wurde ein alter Wissenschaftszweig, die Mathematische Physik, auf diese neue Spur angesetzt.

Ich arbeitete in den Jahren 1950 - 1951 bei Heisenberg am Max Planck Institut in Göttingen und lernte viel von ihm. Als Institutsdirektor hatte er allerdings kaum Zeit, mit uns zu diskutieren, aber er kam regelmäßig einmal in der Woche in das physikalische Kolloquium. Dort hat er, wenn es spannend wurde, laut mitgedacht. So wurden wir Zeugen, wie so ein Genie eigentlich denkt. Etwa einmal

Abbildung 3.1: Meine erste Begegnung mit Heisenberg

kam die Sprache auf das Photon, das Lichtquant, und Heisenberg philosophierte vor sich hin:

„Ein Photon, wie kann ich mir das vorstellen? Es ist ein Teilchen, das immer mit Lichtgeschwindigkeit fliegt, wird also durch die Lorenzkontraktion platt wie eine Wanze. Und wie groß ist jetzt der Durchmesser dieses Scheibchens? Da es mit den Elektronen wechselwirkt, wird sein Radius etwa eine Comptonwellenlänge des Elektrons sein, also 10^{-11} cm. (Heisenberg dachte in cm, nicht in m.) Allerdings ist der Wirkungsquerschnitt für Streuung an Elektronen nicht 10^{-22} cm^2, sondern 10^{-26} cm^2, also muss es sehr durchsichtig sein. Denken wir uns somit, das Photon wäre ein ganz dünnes durchsichtiges Blättchen, 10^{-11} cm breit." Natürlich verstieß Heisenberg dabei gegen ein Gebot der Quantenteilchen: „Du sollst dir von mir kein

Bildnis machen", aber ich wurde dabei von dieser Unart, in Bildern zu denken, infiziert, und sie hat mir oft genützt. Zurück zu Heisenbergs letzter Theorie. Man war bei 10^{-15} m Kerndurchmesser angelangt, und Heisenberg und manche andere meinten, weiter – oder besser kleiner – ginge es nicht. Noch kleinere Längen entsprechen noch höheren Energien und Heisenberg ging sogar soweit, sich gegen die Entwicklung noch größerer Beschleunigungsmaschinen öffentlich auszusprechen. Er meinte, dabei würde sowieso nichts Neues herauskommen und alles bis 10^{-15} m würde durch seine „Urgleichung"

$$\delta\Psi = \lambda\Psi\Psi^*\Psi \qquad \text{(H II)}$$

beschrieben. Doch es kam ganz anders. Nicht nur, dass es noch schwieriger war, (H II) einen mathematischen Sinn zu geben als (H): λ ist zwar eine gewöhnliche Zahl, jedoch für das Symbol Ψ soll das kommutative Gesetz der Multiplikation wieder nicht gelten; aber das hätte man schon irgendwie hinbiegen können. Auch N. Bohrs Einwand, Heisenbergs Theorie wäre zwar verrückt, aber nicht verrückt genug, traf nicht den Kern. Heisenbergs letzte Theorie war nicht erfolgreich, denn die Grundvorstellung traf nicht zu. 10^{-15} m war nicht das Ende der Welt, sondern der Anfang einer neuen, die bis dahin verborgen gewesen war. Heute ist sie aber bis 10^{-18} m erschlossen. Sie ist bevölkert von einer Menge drolliger Strukturen mit ungewohnten Eigenschaften, bei denen die Alternative: „endliche oder unendliche Matrioschka" ihren Sinn verliert. Auch gibt es in der subnuklearen Welt Teilchen mit winzigen und mit enormen Massen, die dennoch durch eine verwirrende Fülle von Symmetriebeziehungen miteinander verwoben sind. Trotz vielem Unerwarteten waren manche markante Strukturen vorhergesagt worden, bevor man in dieses Reich eindrang. Der menschliche Geist konnte den Bauplan der Natur in solchen Bereichen, die uns weiter entrückt sind, als die Hinterseite des Mondes, vorhersehen.

3.2 Das Standardmodell der Fundamentalteilchen

Die Legionen der Elementarteilchen passen in ein einfaches Schema.

Zum Schluss haben wir uns scheinbar in unserer Argumentation etwas verrannt, denn wir sind anfangs vom Kosmos als Ganzes ausgegangen und schließlich bei den kleinsten Dingen gelandet. Dass diese Eckpfeiler, das ganz Große und das ganz Kleine, direkt zusammenhängen, wurde zuerst von dem anderen Schöpfer der Quantenmechanik, Erwin Schrödinger, betont.

Er war ein ganz anderer Typ als Heisenberg, war wie gejagt: von seinem Genius, von einem Problem zum anderen, von den politischen Mächten des 20. Jahrhunderts, von einem Land ins nächste. Er war ein Mann voller Widersprüche. Seine ursprüngliche Ambition war eine Professur an der k. u. k. Provinzuniversität Czernowitz, um seinen philosophischen Gedanken in Ruhe nachgehen zu können. Dieser Teil Österreichs wurde ihm aber, nach seinen Worten, im Ersten Weltkrieg unter dem Sattel weggeschossen, und er wurde ein physikalischer Weltstar. Er zeigte nach der Machtergreifung Hitlers in Deutschland beachtliche Zivilcourage und verließ die prominenteste deutsche Physikprofessur, die Nachfolge von Max Planck. Als ihn je-

Abbildung 3.2: Erwin Schrödinger

doch die Nazis durch die Besetzung Österreichs einholten, schrieb er notgedrungen eine jämmerliche Solidarisierung mit diesem Terrorregime. Obgleich eine Weltberühmtheit, lebte er in seinem Exil gemeinsam mit seiner Frau bescheiden in einem kleinen Haus in Clontarf, einem Vorort von Dublin.

Als ich das Jahr 1949/50 in Dublin arbeitete, lud er mich am Anfang ein, bei ihnen zu wohnen, obgleich sie keine ständige Hausgehilfin hatten. Als ich ihm beim Geschirrabtrocknen helfen wollte, wehrte er ab: „Nein, nein, es geht schon". Trotz seines Charmes schaute er auf dem mittlerweile obsolet gewordenen Tausendschillingschein eher griesgrämig drein. Er war ein Patriot, kehrte aber erst im Alter ausgebrannt in die Heimat zurück.

In Dublin war er durchaus leutselig und kam am Vormittag immer in das Institute of Advanced Studies zum Tee, um sich mit uns über alle möglichen Dinge zu unterhalten. Er mokierte sich gerne über die Elementarteilchentheorien und verschwieg gänzlich, dass er gerade dafür wichtige Anstöße geliefert hatte. So hatte er schon etwa zehn Jahre zuvor die gleich zu besprechende Hawking-Strahlung in dem uns schon bekannten De-Sitter-Universum vorhergeahnt. Er war schon immer von diesem Raum fasziniert und wollte wissen, wie es sich darinnen lebt, nicht wie er zustande kam. Also löste er eine Wellengleichung in diesem Raum und fand zu seinem Schrecken, dass jede Lösung positiver Frequenz auch einen Anteil negativer Frequenz hatte. Zur Erklärung des Schreckens muss ich Folgendes einfügen: In der Quantenmechanik entsprechen Lösungen der Wellengleichung von der einen Frequenz Teilchen aus dem Diesseits und der umgekehrten Frequenz Teilchen aus der Unterwelt. Die diesseitigen Teilchen werden im De-Sitter-Universum irgendwie mit den jenseitigen verheftet und ziehen letztere ans Tageslicht. Schrödinger hat dies richtig als spontane Erzeugung von Teilchen gedeutet – oder besser angedeutet, denn davon machte er nicht viel Aufsehens. Erst viel später hat Stephen Hawking erkannt, dass bei einer tiefen Gravitationsgrube die Unterwelt wie eine Lichtquelle einer bestimmten Temperatur erstrahlt. Allerdings ist das De-Sitter-Universum keine Grube, es gibt ja kein Außen, aber Hawking zeigte dann gemeinsam mit Gary Gibbons, dass das nichts macht, auch im De-Sitter-Universum gibt es eine Hawking-Strahlung. Man könnte nun gleich denken, dass wir doch in einem De-Sitter-Universum lebten und die kosmische Hintergrundstrahlung gerade diese Hawking-Strahlung sei. Das kann aber nicht stimmen, denn die Wellenlängen dieser beiden Strahlungen sind ganz verschieden. Dies kann man so verstehen: Die Hawking-Strahlung einer Gravitationsgrube ist so etwas wie ein von Einstein ausgestellter Gutschein, mit dem man in der Unterwelt Teilchen kaufen kann. Dafür bekommt man dort aber nur die billigsten, das heißt, die energieärmsten. Nun ist die Energie eines Photons proportional zu seiner Frequenz, und daher verkehrt proportional zu seiner Wellenlänge. Man kann somit nur die Teilchen mit der größten Wellenlänge, die gerade noch in die Grube passen, bekommen. Im de Sitter-Raum verhält es sich analog, dort ist die Wellenlänge der Hawking-Strahlung etwa der Radius dieses Raums. Die Wellenlänge der beobachteten Hintergrundstrahlung ist aber von der Größe von einigen mm; frei nach Nestroy sind das ja ganz andere Verhältnisse: Diese Strahlungen können nicht dasselbe sein. Hat allerdings die de Sitter-Phase des Universums gleich zu Beginn der Schöpfung eingesetzt, als das Universum noch die Größe der Plancklänge 10^{-34} m besaß, dann hatte seine Hawking-Strahlung die Energie der Planckmasse. Dann müssten sich alle Schleusen zur Unterwelt geöffnet haben und alle Arten von Fundamentalteilchen herausgeströmt sein.

Wie dem auch im Einzelnen gewesen sein mag, Schrödinger hatte Recht, der Beginn des Kosmos wurde von den Fundamentalteilchen beherrscht. Zu seiner Zeit fand Schrödinger keine Resonanz für diese Anregung, heuto ist sie das Credo der Teilchenphysiker. Bis zur Plancklänge haben wir deren Welt noch nicht erforscht, doch was geschah, nachdem das Universum auf 10^{-18} m aufgequollen war, vermögen wir einigermaßen zu rekonstruieren. Natürlich können wir die Schleusen nicht so weit öffnen wie der Urknall, aber kleine Löcher zur Unterwelt kann man schon bohren, indem man Teilchen auf die 10^{-18} m entsprechende Energie beschleunigt. Diese Energie entspricht etwa 100 Protonmassen. (Man erinnere sich an die Entsprechungen Energie $(E) \leftrightarrow \text{Masse}(m) \leftrightarrow 1/\text{Länge}(1/\lambda)$; sie werden durch $E = mc^2 = \hbar c/\lambda$ ausgedrückt. In Planckeinheiten haben $\hbar$ und c den numerischen Wert 1, und die Entsprechungen werden Gleichheit). Protonen oder Elektronen dieser Energie haben schon fast Lichtgeschwindigkeit, und lässt man sie direkt auf einander prallen, erzeugt man einen kleinen Urknall. Es springen dann Hunderte Teilchen aus der Unterwelt heraus, und macht man sie sichtbar, sieht das Ereignis wie ein Gestrüpp aus. Aber kann man dieses Chaos irgendwie entziffern, sieht man eine Ordnung dahinter? Das ist gelungen, Letztere wurde durch das so genannte Standardmodell beschrieben. Es sagt das Geschehen mit 0.1% Genauigkeit voraus, und die Experimente bestätigen diese Voraussagen mit derselben Präzision. Dass sich der menschliche Geist in diese Bereiche der Schöpfung vorarbeiten konnte, die seit Milliarden von Jahren verschlossen liegen und in der biologischen Evolution nie berührt wurden, ist eine der erstaunlichsten Leistungen des 20. Jahrhunderts.

Heisenberg hatte schon in den 30er Jahren bemerkt, dass manche Teilchen eigentlich Geschwister sind. So sind P und N fast dasselbe Teilchen, sie unterscheiden sich nur durch eine innere Eigenschaft, den so genannten „Isospin". Er zeigt beim Proton nach oben und beim Neutron nach unten. Oben und unten sind natürlich nur Konventionen, dieser innere Raum des Isospins hat mit unserem Raum nichts zu tun (oder vielleicht doch?), er ist aber ebenfalls dreidimensional. Es ist schon verwunderlich, dass hier unserem Raum ein anderer überlagert ist, in dem Richtungen global ausgezeichnet sind. So weiß ein Proton hinter dem Mond auch, wo im Isoraum oben und unten ist und wohin es seinen Isospin richten muss. Dies klingt sonderbar, und so entwarf Chen Ning Yang, ein Abkomme einer chinesischen Gelehrtenfamilie, der seit Ende des letzten Weltkrieges in den USA lebt, dafür eine Theorie: In der gibt es so etwas wie Botenfelder, die von Raumpunkt zu Raumpunkt weitersagen, wie man sich im Isoraum zu orientieren habe. Aus historischen Gründen wurden diese Felder Eichfelder, die zugehörigen Teilchen Eichteilchen, die Symmetrie im Isoraum Eichsymmetrie und diese Theorie Eichtheorie genannt. Es brauchte viele Jahre, bis diese Theorie akzeptiert wurde, denn sofort trat eine Schwierigkeit auf. Als Yang seine Ideen 1954 in Princeton in einem Seminar vortrug, war Pauli im Auditorium. Auch ich war unter den Zuhörern und wurde Zeuge eines bemerkenswerten Streitgesprächs. Pauli schien zunächst durch sein übliches Kopfnicken den Ausführungen Yangs beizupflichten, aber dann wurde das Nicken zum Schütteln und er sprang auf.

Pauli: Ich muss protestieren. Wo sind denn die zu ihren Eichfeldern gehörigen Teilchen? Haben Sie diese schon gesehen?

Yang: Nein.

Pauli: Die müssten doch Masse Null haben und leicht zu erzeugen sein. Da sie noch niemand gefunden hat, muss Ihre Theorie falsch sein.

Yang: Ich weiß nicht ...

98

Pauli: Das scheint mir der wesentliche Einwand zu sein. Was die Mathematiker da sagen, ist für uns ganz irrelevant.

Yang: Die Frage nach der Masse der Eichteilchen ist ein tiefes dynamisches Problem, und diese Frage bin ich nicht imstande zu beantworten.

Jetzt will Pauli den Saal verlassen und kann nur durch Oppenheimer beschwichtigt werden, aber sein Kopfschütteln hört nicht mehr auf.

Die letzte Bemerkung Yangs war tatsächlich sehr weitsichtig. Nach dem damaligen Stand des Wissens konnten weder Yang noch Pauli diese Frage beantworten. Heute gibt es kaum mehr Zweifel, dass diese Eichteilchen existieren, aber das Massenproblem ist theoretisch nur ansatzweise gelöst. In Wirklichkeit aber haben manche Eichteilchen tatsächlich Masse.

Der Temperamentsausbruch Paulis war nicht ganz unbegründet. Es gab damals schon einen Prototypen einer Eichtheorie, die Elektrodynamik. Das Eichfeld war das elektromagnetische Feld, das zugehörige Eichteilchen, das Photon, hat Masse Null. Es war sogar eines der geliebtesten Dogmen der Theoretiker, dass die Eichsymmetrie Masse Null für die Eichteilchen erzwingen würde. Schrödinger reizten Dogmen schon immer, und er konstruierte bereits 1951 ein Gegenbeispiel. Allerdings hatte er es nur in einem kleinen Brief an die Zeitschrift „Nature" publiziert, und es wurde von kaum jemand registriert, weder von Pauli noch von Yang. 1961 hatte Julian Schwinger ein weiteres Gegenbeispiel angegeben. Jedoch hatte in seinem Modell der Raum nur eine Dimension und es wurde daher eher als Kuriosum gehandelt. Erst Jahre später entstand die Theorie, die heute als Ursache für die Masse mancher Eichteilchen angesehen wird. Der Mechanismus wurde von Peter Higgs und anderen vorgeschlagen; Higgs hat, ohne Kenntnis der Idee Schrödingers, dieselbe weiter ausgesponnen. Allerdings haben viele der später gefundenen Eichteilchen (Gluonen) die Masse 0. Aber warum man nur das Photon direkt sieht und diese Eichteilchen nicht, hat einen Grund, den damals niemand erahnen konnte.

Bis zum Standardmodell ist noch viel Zeit verflossen, neue Teilchen wurden entdeckt, neue Symmetrien gefunden, aber das Prinzip der Yangschen Theorie blieb. Alle Fundamentalteilchen mit Spin 1 (also innerem Drehimpuls $\hbar$) sind Eichteilchen, alle anderen Fundamentalteilchen haben Spin 1/2 (also inneren Drehimpuls $\hbar/2$) und ihre Symmetrien werden durch die Eichteilchen vermittelt. Zunächst sollte ich den Ausdruck „Fundamentalteilchen" etwas erläutern. Das sind solche, die nicht aus anderen Fundamentalteilchen zusammengesetzt sind. Allerdings empfängt jedes Teilchen Besucher aus der Unterwelt, die umgeben es mit einem Kleid virtueller Teilchen, aber wenn man dieses „Kleid" auszieht, sollte im Kern ein nacktes Fundamentalteilchen übrigbleiben. Den amerikanischen Physiker Geoffrey Chew störte dieser Begriff der nackten Teilchen, er meinte, die gäbe es gar nicht. Er hat die nukleare Demokratie gepredigt, alles bestünde aus allem. Es wäre so wie bei Edgar A. Poes „Maske des roten Todes": Würde man die Masken lüften, dann fände man drinnen nichts. Dass jedes Teilchen ein Kleid virtueller Teilchen aus der Unterwelt trägt, ist heute unbestritten, bei manchen Arten ist es üppiger, bei manchen durchsichtiger. Demokratie herrscht aber nicht, die Teilchen sind von verschiedenem Rang. Es kam aber noch überraschender, bei manchen Teilchen wissen wir zwar, dass sie zusammengesetzt sind, aber wir können ihre Teile nicht isolieren. Es ist, als hätten wir eine Scherz-Matrioschka: Wenn wir rütteln, hören wir, dass noch etwas drinnen steckt, aber wir bekommen sie nicht auf. Das ist sogar bei unserem alten Freund, dem Proton so. Wir wissen, das Proton besteht aus drei Quarks, zwei u-Quarks und einem d-Quark. u und d stehen für up and down und deuten an, wohin der Isospin zeigt. Was Quark genauer bedeutet, müsste man James Joyce fragen, von ihm ist der Name geborgt. Murray Gell-Mann hatte dieser Name gefallen und so blieb er. Die Richtungen im Isospinraum werden durch Eichteilchen vermittelt, sie heißen Gluonen. Das wäre auf Deutsch mit Kleberling zu übersetzen, denn durch ihre Kräfte werden die drei Quarks aneinander gekittet. Noch besser wäre der Ausdruck Superkleberling, denn sie können, was die Mischer von Superklebern vorgeben zu können. Man kriegt die 3 Quarks nicht auseinander, wie große Kräfte man auch aufwendet. Man nennt dieses Phänomen „Confinement" (Einkerkerung), und es hat lange gedauert, bis sich Physiker daran gewöhnt haben. Aus diesem Grund hat man die Gluonen früher nie gesehen, obgleich sie Masse 0 haben. Gell-Mann, der die Quarks vorgeschlagen und getauft hat, meinte zunächst, dass diese Teilchen durch riesige Potentialberge aneinander gekettet wären. Doch dann bekam er vor seiner revolutionären Vorstellung Angst und wollte den Quarks nur einen mathematisch-symbolischen Wert verleihen. Natürlich war auch Positivisten eine solche Vorstellung suspekt. Ich kann mich noch an Streitgespräche mit Heisenberg erinnern, ich hatte bei einer Tagung über die Vorhersagekraft des Quarkmodells berichtet:

101

Abbildung 3.3: Murray Gell-Mann reichte manchmal die Sprache allein nicht für die Kommunikation.

Heisenberg: Aber wo sind denn Ihre Quarks, wo existieren die?

Ich: Nun, eben im Proton.

Heisenberg: Das kann man doch nicht Existieren nennen.

Ich: Anfangs konnte man das Atom auch nicht zerlegen und hat doch an das Atommodell geglaubt.

Heisenberg: Aber da hatte man wenigstens das Elektron gesehen, aber Quark hat man noch keines gesehen. Ich glaube, alle Ihre Erfolge des Quarkmodells sind nur Zufallstreffer, da steckt nichts Reales dahinter.

Einstweilen hat man die Frage, ob die Quarks „wirklich" existieren, obgleich man sie doch aus ihren Ketten nicht befreien kann, den Philosophen überlassen und denkt im Konsens so, als gäbe es sie.

Man hat heute eine ziemlich einfache Übersicht über die elementaren Bauteile der Materie. Sie teilen sich in zwei Gruppen von Spin 1/2-Teilchen, den Leptonen und Quarks, und einer Gruppe mit Spin 1, den zugehörigen Eichteilchen, ein. Das ist alles! Was da sonst im Teilchendschungel kreucht und fleucht, baut sich aus ihnen auf. Die 6 *Leptonen* werden folgendermaßen bezeichnet:

$$e \quad \mu \quad \tau$$
$$\nu_e \quad \nu_\mu \quad \nu_\tau$$

und die 6 *Quarks*:

$$u \quad c \quad t$$
$$d \quad s \quad b$$

Gemeinsamkeiten dieser Gruppen:

Es gibt stets Paare von Spin 1/2-Teilchen, deren elektrische Ladungen sich wie P und N um die Einheitsladung unterscheiden. Es gibt in jeder Gruppe 3 solche Paare, man sagt auf Englisch, sie unterscheiden sich durch ihr „Flavour", auf Deutsch vielleicht Aroma.

Zu jedem Teilchen gibt es stets ein Antiteilchen, also e steht für das Elektron e⁻ und das Positron e⁺. Beide Gruppen nehmen an der so genannten elektroschwachen Wechselwirkung teil und sind durch sie verbunden.

Unterschiede zwischen den Gruppen:

I. Während bei den Leptonen die Teilchen der oberen Zeile die elektrische Ladung 1 (gemessen in Elementarladungen) und die der unteren Zeile 0 haben, besitzen die oberen Quarks Ladungen 2/3 und die unteren -1/3. (Die Antiteilchen haben immer die umgekehrte Ladung der Teilchen.)

II. Jedes der 6 Quarks ist eigentlich ein Drilling, es besitzt noch zwei identische Brüder. Dies gibt wieder Anlass zu einer großen inneren Symmetrie, die dazugehörigen Eichteilchen sind die schon erwähnten Kleberlinge. Sie sind ungeheuer aggressiv und verhindern, dass man Quarks einzeln antrifft.

Neben diesen Spin 1/2-Teilchen gibt es die Eichbosonen. Für die elektroschwache Wechselwirkung sind es deren vier, sie werden mit den Buchstaben γ, Z^0, W^+, W^- bezeichnet. Für die starken Wechselwirkungen zwischen den Quarks gibt es noch einmal acht Gluonen, die gerade erwähnten Kleberlinge.

Das Standardmodell hat das, was im riesigen Zoo der Elementarteilchen fundamental ist, auf diese Weise auf eine übersichtliche Menge eingedickt. Dennoch sträubt man sich gefühlsmäßig dagegen, dass der letzte Urgrund des Seins so bizarre Auswüchse zeigt, und Fragen, was hinter dem Standardmodell steckt, sind nie verstummt. Vorschläge dazu gibt es viele, aber bisher ist das Standardmodell unverwundbar geblieben und zeigte keinerlei Widerspruch zu experimentellen Befunden. Aber alles kann dieses Modell nicht erklären, und als Nächstes müssen wir besprechen, was dabei offen bleibt.

3.3 Welche Teilchen überleben?

Wir sehen nur die letzten Bruchstücke der fundamentalen Strukturen.

Falls der Leser dieser Einpaukerei über Elementarteilchenphysik gefolgt ist, wird er fragen: „Wem nützt dies eigentlich? Ich gebe wohl zu, dass diese Landschaft mit ihren vielen Symmetrien, die doch teilweise zerstört wurden, einen bizarren Reiz besitzt, aber ist dies nicht wie die Welt auf einem fernen Stern, die uns gar nichts angeht?" Dem Nachsatz muss ich widersprechen, es ist unsere Lebensgrundlage. Also wird man sagen, dann können wir wieder einmal natürlich erklären, warum wir leben können, denn das wird sowieso alles von dem Standardmodell geregelt. Auch das stimmt nicht, denn wie wir sehen werden, hängt unsere Existenz gerade von den Dingen ab, die durch das Standardmodell nicht bestimmt werden, sondern dort zufällig erscheinen. Es sind dies die Massen der Teilchen. Über die habe ich bisher geschwiegen, denn das ist keine Erfolgsstory der Physik, man versteht sie überhaupt nicht. Ihre Größe ist scheinbar zufällig über viele Zehnerpotenzen verstreut (siehe Abbildung 3.4) – und doch hängt unser Wohl und Wehe von den feinen Details dieses Spektrums ab.

Fangen wir bei den Leptonen an. Das Elektron hat eine Masse von etwa $1/2$ MeV. MeV steht für Millionen Elektronvolt, entspricht also der Energie, die ein Elektron bekäme, durchfiele es eine Spannungsdifferenz von einer Million Volt. Diese Spannungsdifferenz hat man im Abstand von etwa 10^{-15} m von einer Elementarladung, der Ladung des Elektrons. Daher wollte man 10^{-15} m, dem so genannten klassischen Elektronenradius, eine besondere Bedeutung zuschreiben. Die hat er aber nicht, denn schon bei 10^{-13} m, der Comptonwellenlänge des Elektrons, greift die Quantentheorie ein und verhindert eine genauere Lokalisierung. Die Ladung des Elektrons gäbe eine seiner Masse entsprechende Energie, wäre sie auf 10^{-15} m konzentriert, was aber die Quantentheorie verbietet. Also versteht man die Masse des Elektrons nicht wirklich, aber noch weniger die seiner Schwestern μ und τ, die sind 230 bzw. 3000 mal so schwer. Die elektrisch neutralen Geschwister ν_e, ν_μ, ν_τ haben überhaupt eine winzige Masse, sie ist noch nicht genau bekannt, aber vielleicht bei 10^{-8} Elektronenmassen angesiedelt. Noch krasser sind die Verhältnisse bei den entsprechenden Eichteilchen.

Leptonen unterhalten sich nur über die gleich zu besprechenden elektroschwachen Wechselwirkungen, die eine vierdimensionale Symmetrie haben, so dass hier die vier vorher angeführten Eichteilchen wirken. Eines davon kennen wir schon lange, das Photon γ. Man sagt immer, das Photon habe Masse Null, vielleicht sollten wir vorsichtiger sagen, die Masse liegt unterhalb jeder messbaren Größe. Wenn die Masse Null ist, wird die Comptonwellenlänge unendlich, aber wenn der Radius der ganzen Welt nur endlich ist, kann man anfangen, etwas herumzutüfteln. Jedenfalls ist die Masse seiner drei Geschwister Z^0, W^+ und W^- unvergleichlich größer, etwa 150.000 mal so schwer wie das Elektron und damit etwa 80 mal so schwer wie ein Proton. Als Eichteilchen sind sie Fundamentalteilchen, aber doch so schwer wie ein mittlerer Atomkern. Die Erkenntnis, dass dennoch γ, Z^0, $W^\pm$ verwandt sind, war die letzte große Entdeckung der Elementarteilchenphysik. Ich will dieser Geschichte ein paar Zeilen einräumen. Auf all die vielen Protagonisten einzugehen würde viele Seiten verschlingen, ich kann nur mehr oder weniger willkürlich zwei herausgreifen.

Zunächst möchte ich meinem alten Freund Bruno Touschek ein kleines Denkmal setzen. Er war ein Wiener Physiker, der 1940 nach Deutschland ging, denn als Halbjude hatte er es dort leichter. Dennoch wurde er gegen

Kriegsende in ein KZ abkommandiert. Auf dem Weg dorthin brach er zusammen, wurde daher erschossen, aber nur scheinbar. Er fiel in den Straßengraben, und die Kolonne ging weiter. Er war zwar am Kopf getroffen, aber nicht tot. Bruno wurde von jemand aufgenommen und wieder gesund gepflegt. Nach dem Kriegsende konnte er bei Heisenberg arbeiten, der ihn mit der Idee begeisterte, man müsse die Fundamentalkräfte vereinigen. So war er Anfang der 60er-Jahre einmal bei mir in Wien und sagte: „Wir müssen uns jetzt wie die Politiker des letzten Jahrhunderts überlegen, wollen wir die kleindeutsche oder die großdeutsche Lösung. Ich bin für erstere, alles auf einmal wird nicht gehen". Was er meinte war, ob wir zuerst die elektrischen Kräfte mit den schwachen vereinen sollen, zu dem, was wir heute elektroschwache Wechselwirkung nennen, oder gleich mit den Kernkräften alle Kräfte auf eine einzige zurückzuführen. Seine Bevorzugung der „kleindeutschen" Lösung hat sich als weise erwiesen, denn die großdeutsche ist bis heute nicht gelungen. Touschek kam zwar auch mit der kleindeutschen nicht zurecht, aber er hat die Waffen für ihre experimentelle Erforschung geschmiedet. Er hatte erkannt, dass man die nötigen Energien nur erreichen könnte, indem man einen Teilchenstrahl auf einen entgegengesetzt laufenden prallen ließe, und zwar am besten Elektronenstrahl gegen Positronenstrahl. Also fing er an, dieses Prinzip in Frascati bei Rom, wo er gerade arbeitete, zuerst mit einer kleineren Maschine, genannt Ada, und dann mit einer vergrößerten, genannt Adone, zu verwirklichen. Die Realisierung letzterer verzögerte sich leider durch die Streiks der 68er-Jahre in Italien, so dass manche Erfolge von Gersh Itskovich Budker in Novosibirsk, wo es diese Probleme nicht gab, zuerst erzielt wurden. Doch es war erwiesen, dass man bei zwei gegeneinander laufenden Strahlen, deren Teilchendichte geringer als die Dichte des Vakuums von Glühbirnen ist, dennoch eine merkliche Kollisionsrate bekommen kann. Den Triumph erreichte dieses Prinzip mit dem LEP (large electron positron collider) am CERN. Groß war er wirklich, fast 30 km Umfang und auch so energiereich, dass man $e^+ + e^- \rightarrow Z^0$ nicht nur nachweisen, sondern auch genauestens ausmessen konnte. Dadurch gelang sogar der Beweis, dass es nur drei Neutrinoarten gibt, denn ein weiteres ν_4 hätte man durch den Zerfall $Z^0 \rightarrow \nu_4 + $ Anti-ν_4 bemerken müssen. Leider konnte Bruno diesen Erfolg nicht mehr erleben, er starb vorher.

Bruno faszinierten viele fundamentale Fragen, etwa auch die Zeitumkehr. Dabei geht es darum, ob das Geschehen in einem rückläufig gespielten Film nur makroskopisch unmöglich erscheint, aber mit den mikroskopischen Gesetzen doch verträglich ist. Brunos Grübeln über diese Frage brachte ihn sogar mit den Behörden in Konflikt, und zwar weil er noch zwei andere Vorlieben hatte, italienischen Rotwein und Motorräder. Das zusammen konnte nicht gut gehen, und als er deswegen von einem Carabiniere arretiert wurde, fiel diesem sein Akzent im Italienischen auf. Auf die Frage, was er in Italien mache, antwortete er, er arbeite. Der Carabiniere wollte aber genauer wissen, was er arbeite, und Bruno dämmerte, er müsse jetzt bei der Wahrheit bleiben. Also antwortete Bruno, er arbeite an der Zeitumkehr. Der Carabiniere schloss: der Mann ist nicht nur betrunken, sondern auch verrückt, und Bruno wurde in die psychiatrische Klinik eingeliefert. Glücklicherweise hatte dort gerade der Südtiroler Neurologe Valentin Braitenberg Dienst. Er erkannte, dass die anscheinende

Verrücktheit Genialität war. Bruno wurde entlassen und Südtirol schließlich sein Land der Sehnsucht.

Die kleindeutsche Lösung der Vereinigung gelang schließlich unter anderen Abdul Salam, Abdus gesprochen, einem interessanten Mann aus Pakistan. Er war dort in einer Provinzschule erzogen worden, und erzählte gerne folgende Geschichte: Einmal sprachen sie im Physikunterricht über die verschiedenen Kräfte, der Professor zählte sie auf: „Die Reibungskräfte, die Zentrifugalkräfte, die Schwerkraft, die elektrischen Kräfte. Dann existieren noch Kernkräfte, aber die gibt es nur in den westlichen Industrieländern." Abdus war überzeugter Moslem, er glaubte nur an einen Gott. Der Gedanke an Kräfte, die es nur bei einer Nation gibt und bei einer anderen nicht, muss ihm ebenso unerträglich gewesen sein wie der Gedanke an Nationalgötter. Deswegen widmete er den Rest seines Lebens der Vereinigung der Naturkräfte. Die großdeutsche Lösung, die Vereinheitlichung aller Kräfte, ist ihm zwar nicht gelungen, aber angesichts der Schwierigkeiten, die er überwinden musste, sind seine Leistungen, insbesondere die Vereinigung der elektrischen und schwachen Kräfte, doch gewaltig. Zunächst erscheint es ja völlig hoffnungslos, die elektrischen und die schwachen Kräfte zu vereinigen, zu verschieden ist ihr Erscheinungsbild. Letztere bewirken den so genannten β-Zerfall, $N \rightarrow P + e^- + \nu$ ist ein Prototyp davon. Nun ist die Kraft, die das bewirkt, so schwach, dass ein freies Neutron eine Lebensdauer von etwa einer Viertelstunde hat. Nur im Kern wird es durch die Kernkräfte länger zusammengehalten. Analoge Prozesse mit Photonen gehen um 20 Zehnerpotenzen schneller. Wie kann da eine Ähnlichkeit sein? Die zündende Idee war, dass es sich um einen Zweistufenprozess handelt, er verläuft über $N \rightarrow P + W^-$, dann $W^- \to e^- + \nu$. Weil das W^- so schwer ist, kann es nur „virtuell", also mit Energiepump entstehen. Das kostet einen riesigen Gamow Faktor, der uns die β-Zerfallskräfte so schwach erscheinen lässt. Sind sie ursprünglich so stark wie die elektrischen, so kann man vorhersagen, wie schwer das W-Teilchen sein muss, um sie so abzuschwächen. Ihre Masse war für die damalige Zeit riesig, wie gesagt, wie ein mittlerer Atomkern. Salam musste über 20 Jahre warten, bis die Beschleunigertechnologie soweit war, dass man die W und Z-Teilchen erzeugen konnte. Abdus erlebte dies, das Nobelkomitee hatte nicht gezögert und ihm den Preis kurz vorher verliehen. Doch dann war seine Glut verloschen, eine sonderbare Nervenkrankheit zehrte an seinen Kräften. Als wir das letzte Mal beisammen waren, musste ich ihm schon beim Aufstehen aus dem Stuhl helfen. Aber es war ihm nicht wie Stephen Hawking bestimmt, mit so einer Krankheit zu leben.

Welcher Mechanismus die riesige Masse von $W^\pm$, Z^0 erzeugt, konnte Salam allerdings nicht sagen. Higgs hat dann Teilchen postuliert, die das könnten, und seither werden diese Higgs-Teilchen gejagt. Bisher blieb der Erfolg aus. Nach dem Jahr 2007, wenn der neue Superbeschleuniger am CERN in Betrieb ist, wird man für diese Jagd bessere Voraussetzungen haben. Bis dahin muss ich also diese Erzählung offen lassen (vielleicht gibt es dann eine Neuauflage dieses Buches und ich kann diese Geschichte wirklich beenden).

Ich höre jetzt einen renitenten Leser fragen „Und was habe ich von alledem?" und einen reinen Fachmann der Elementarteilchenphysik antworten „Von meinem Standpunkt aus sehe ich keine praktischen Anwendungen". Da habe ich allerdings die Definition von David Hilbert verwendet, die lautet: „Ein Fachmann ist einer, dessen geistiger Horizont sich auf einen Punkt zusammengezogen hat, und dieser Punkt ist dann, was er seinen Standpunkt nennt." Nehmen wir aber andere Wissensgebiete hinzu, etwa die im nächsten Kapitel angeschnittene Astrophysik, so sehen wir, dass dies alles für uns lebenswichtig ist. Hätten $W^{\pm}$, Z^0 Masse Null, wie sich dies für ein braves Eichteilchen geziemt, verliehe dies einem Neutrino die gleiche Stärke seiner Wechselwirkungen mit Materie wie die seiner leptonischen Schwester Elektron und es würde aus dem Sterninneren nie herauskommen. Dann wäre der ganze Supernova-Mechanismus nicht funktionstüchtig, und der Kohlenstoff und das Kalzium für unsere Knochen könnten nie aus der Sternmitte befreit werden. Man kann noch an viel anderes denken, wie etwa daran, dass durch eine zu große Neutrinomasse der virtuelle Übergang $P \to N + e^{\dagger} + \nu$ energetisch zu aufwändig würde, und nach dem Urknall schafften wir es nicht einmal bis zum Deuterium. Aber die erstaunlichste Lebensvorsorge werden wir gleich beim Quarkmassenspektrum antreffen.

Die Masse jedes Quark gleicht zwar der seines Antiquark, aber sonst sind die Werte der Massen der sechs Quarks weit verstreut. So ist m_d nur ein paar Elektronenmassen größer als m_u, aber m_s um einige hundert Elektronenmassen höher, und die Massen steigen weiter, bis dann m_t gleich tausende Elektronenmassen höher liegt. Dies hat zur Folge, dass fast alle Agglomerate, die man aus Quarks bilden kann, instabil sind, sie zerfallen in leichtere Kombinationen. Die einzige Ausnahme ist das Proton, welches aus (u, u, d) aufgebaut ist. Auch seine Stabilität bis in alle Ewigkeit wird gelegentlich angezweifelt, aber für unsere Zwecke ist es stabil genug. Den Aufbau verkompli-

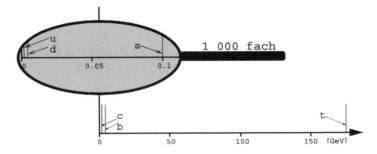

Abbildung 3.4: Massenspektrum der Quarks in Einheiten von GeV. Für die leichten u, d und s Quarks ist der Maßstab tausendfach gedehnt.

ziert, dass jedes Quark in 3 Ausfertigungen, so genannten Farben, vorliegt. Der Ausdruck Farbe ist vielleicht irreführend, denn sie ist so etwas wie eine elektrische Ladung und kann positive und negative Werte annehmen. Wir nennen das Negative einer Farbe einfach die umgekehrte Farbe, auch wenn es so etwas für gewöhnliche Farben nicht gibt. Das Wesentliche ist, dass sich Teilchen mit umgekehrter Farbe durch so gewaltige Kräfte anziehen, dass nur Agglomerate mit Gesamtfarbe Null frei herumlaufen können, alle Farbreste würden sofort mit den umgekehrten Farbresten verschmelzen. Zur einfachsten Farbneutralisierung kommt es, wenn sich Quark zu Antiquark gesellt, die haben ja umgekehrte Farbe. Es gibt da $6 \times 6 = 36$ mögliche Hochzeiten, solche Ehepaare nennt man Mesonen. Einige hatten schon goldene Hochzeit, in dem Sinne, dass sie schon vor über einem halben Jahrhundert entdeckt wurden, nämlich die π-Mesonen (Im Folgenden bedeutet zum Beispiel $\bar{u}$ ein Anti-u-Quark):

112

$$\pi^+ = (u, \bar{d}), \quad \pi^- = (d, \bar{u}),$$
$$\pi^0 = \text{Gemisch aus } (u, \bar{u}) \text{ und } (d, \bar{d}).$$

Sie sind die leichtesten. Ersetzt man u oder d durch s, steigt die Masse gleich um einen Faktor 3, und man bekommt die später gefundenen K-Mesonen,

$$K^+ = (u, \bar{s}), \quad K^- = (s, \bar{u}), \quad K^0 = (d, \bar{s}), \quad \bar{K}^0 = (s, \bar{d}).$$

Bei jedem Meson haben wir rechts oben die elektrische Ladung angegeben, schauen wir gleich einmal, wie es sich ausgeht, dass die Gesamtladung ganzzahlig wird.

$$\pi\text{-Mesonen:} \quad 1 = 2/3 + 1/3, \quad -1 = -1/3 - 2/3,$$
$$0 = 2/3 - 2/3, \quad 0 = -1/3 + 1/3$$
$$K\text{-Mesonen:} \quad 1 = 2/3 + 1/3, \quad -1 = -1/3 - 2/3,$$
$$0 = -1/3 + 1/3, \quad 0 = -1/3 + 1/3.$$

So kann man weiterarbeiten und immer neue Mesonen basteln, indem man sämtliche 36 Quark-Antiquark-Kombinationen verwendet. Sie ergeben eine schöne Spielwiese für viele Forscher, doch für den Mann von der Straße sind sie nicht brauchbar, sie haben alle eine sehr kurze Lebensdauer. Wenn man die Liste hinaufgeht, nehmen ja die Quarkmassen rasant zu, schon beim K-Meson hat man den Zerfall $K \to 3\pi$. Er geht ohne Verletzung der Energieerhaltung vor sich. Aber wie ist es bei dem leichtesten Meson? Auch das zerfällt, aber nur weil die schwachen Wechselwirkungen die Quarks mit den Leptonen verbinden. So geht der Zerfall $\pi \to e + \nu$, ist aber seltener als

113

$\pi \rightarrow \mu + \nu$, was energetisch auch möglich ist. Jetzt kann ein Pfiffikus sagen: „Das geht aber nur, da das π-Meson fast unverschämte 300 Elektronenmassen schwer ist. Die Masse von u und d ist aber viel kleiner als diese Masse, warum bescheidet es sich nicht mit so einer kleinen Masse, dass nicht einmal $\pi \rightarrow e + \nu$ geht?". Ich kann nur sagen: „Vielleicht ist es so schwer, da hier noch so viele Kleberlinge außer den Quarks herumhängen. Aber so genau weiß das niemand, manche haben da ganz andere Vorstellungen. Viele verherrlichten sogar eine Welt, in der das π-Meson Masse 0 hat." Jetzt strahlt der Pfiffikus: „Das wäre aber lustig, dann würde das π-Meson dem Elektron den Rang ablaufen. Nicht nur dass es stabil sein könnte, es würde sogar das Elektron destabilisieren, denn $e \rightarrow \pi^- + \nu$ wäre da möglich." Das wird mir aber zuviel, ich muss erwidern: „Das wäre gar nicht lustig, das wäre eine Katastrophe!" Der Pfiffikus: „Warum bist du denn so böse, du hättest statt dem e ohnehin das π^-". Warum mich letzteres gar nicht tröstete, muss ich jetzt dem Leser genauer auseinandersetzen.

Die zwei Klassen von Fundamentalteilchen, die wir im Standardmodell verwenden: die Teilchen mit Spin 1 nennt man nach ihrem Entdecker Satyendra Nath Bose Bosonen, die mit Spin 1/2 heißen nach Enrico Fermi Fermionen. Wie für die Spins gilt das Einmaleins: Fermion + Fermion = Boson, Fermion + Boson = Fermion, Boson + Boson = Boson, also etwa ein Quark ist Fermion, zwei Quarks zusammengebunden geben ein Boson, drei Quarks wieder ein Fermion, usw. Ihre Namenspatronen fanden, dass die Lebensgewohnheiten der zwei Arten von Teilchen ganz verschieden sind: die Bosonen sind bürgerlich, die Fermionen aristokratisch. Das soll heißen: die Bosonen stecken gerne beisammen, die Fermionen, daher auch die Elektronen, distanzieren sich voneinander. Die aristokratische Natur des Elektrons verleiht der Materie folgende Strukturen:

1. Wenn die Elektronenhülle so komplett ist, dass der Kern neutralisiert ist, nimmt sie höchstens noch ein Elektron zu sich auf, es gibt daher nur einfach negativ geladene Ionen.

2. Im periodischen System der Elemente treten immer wieder Edelgase auf, deren Atome nichts miteinander zu tun haben wollten.

3. In Materie berühren sich die Atome nur schicklich, statt miteinander zu verschmelzen.

Dies alles würde sich bei Verbürgerlichung durch die π-Mesonen ändern. Atomhüllen neutraler Atome würden bis zu 20% mehr π^- aufnehmen; alle Atome glichen einem Standardatom und würden sich gierig zu Molekülen zusammenschließen, wobei die Klumpen um so mehr schrumpften, je mehr Materie sie an sich gerissen hätten. Energieprobleme gäbe es in so einer Welt nicht, nach jeder Fressorgie würde der Klumpen heißer, doch so ziemlich sittsame Geschöpfe wie wir könnten da nicht zurecht kommen. Da meldet sich wieder Pfiffikus zu Wort: „Ich will schon nicht mehr an deinem geliebten Elektron rütteln, aber du musst zugeben, dass das π-Meson mit seiner Masse so aus der Reihe seiner anderen Mesongeschwister tanzt, kann nur eine Kaprice sein. Es könnte irgendwo zwischen 10 und 1000 Elektronenmassen haben, der μ-Zerfall ist eigentlich unnötig." Ich muss ganz hart bleiben: „Von meiner π-Mesonmasse m_π kann ich mir nichts herunterhandeln lassen, hier hat der Architekt ganz scharf kalkuliert. Diese Masse bestimmt ja die Comptonwellenlänge des π-Mesons, 10^{-15} m, und die gibt dann die Reichweite der Kernkräfte. Sie ist gerade so angemessen, dass das Deuteron D = P + N zusammenhält, aber das superleichte Helium ^{2}He = P + P nicht. Dies ist auf des Messers Schneide: Der negativen Energie der Kernkräfte steht die positive kinetische Energie von P und N gegenüber. Letztere entsteht nach der Quantentheorie, da sie so fest strampeln, wenn sie so eng eingesperrt werden.

Diese Differenz ist nur ein kleiner Bruchteil der gesamten Strampelenergie, und verdopple ich m_π, so wird letztere sogar vervierfacht. Schon eine kleine Vergrößerung von m_π bewirkt Zerstörung von D, ein bisschen Verkleinerung schafft schon ^{2}He. Beides würde die Inszenierung des Urknalls verderben. Gäbe es D nicht, fehlte der Einstieg zum Aufbau schwerer Elemente, und wir lebten in einer reinen Wasserstoffwelt. Gäbe es ^{2}He, würde uns gleich der Wasserstoff zu Helium verbrennen, denn P + P $\rightarrow$ ^{2}He + γ ginge dann ganz schnell, und wir lebten in einer reinen Heliumwelt. In beiden Welten könnten wir nicht gedeihen."

Schütteln wir diese Albträume ab und kehren wir zu unseren zwar miteinander verketteten, aber doch aristokratischen Quarks zurück. Wenn wir ohne Antiquarks auskommen wollen, ist es schon schwieriger, farblose Kombinationen zu erzeugen, und nur solche können frei existieren. Jedes Quark hat Farbe, aber auch mit zwei geht es nicht, sowie zwei Quarks zusammen nie die elektrische Ladung Null haben können:

$$2/3 + 2/3 = 4/3, \quad 2/3 - 1/3 = 1/3, \quad -1/3 - 1/3 = -2/3.$$

116

Aber mit 3 geht es wie bei der Ladung:

$$2/3 - 1/3 - 1/3 = 0.$$

Die Drei-Quarks-Systeme heißen Hadronen und bilden eine bunte Menagerie mit $6 \times 6 \times 6 = 216$ Exemplaren! Da finden sich unsere alten Freunde $P = (u, u, d)$, $N = (u, d, d)$, aber auch historisch bedeutsame Gesellen wie $\Omega^- = (s, s, s)$, dessen Entdeckung dem ganzen Schema Glaubwürdigkeit verlieh. 215 der möglichen Kombinationen zerfallen schnell, aber eines muss übrigbleiben, denn die Quarkzahl scheint sehr gut erhalten zu sein und Hadronen können sich nicht in Leptonen auflösen. Hingegen Hadron $\rightarrow$ Hadron + Meson geht, denn Fermion $\rightarrow$ Fermion + Boson ist erlaubt. Also überlebt das Leichteste, und das ist das Proton. Das hängt damit zusammen, dass das u-Quark das leichteste ist, aber $N^{*+} = (u, u, u)$ ist schon schwerer, ihre aristokratische Natur verbietet drei u Quarks sich so zusammenzukuscheln.

Also wir haben noch einmal Glück gehabt! Nicht auszudenken, wäre das Neutron und nicht das Proton das stabile gewesen. Dann gäbe es nicht einmal Wasserstoff $H = P + e^-$, die Welt bestünde nur aus Neutronen, die sich zu Neutronensternen zusammenballten und nur eine dunkle Kulisse böten. Richard Feynman hat zuerst auf diese düstere Möglichkeit hingewiesen und eine Erklärung dafür gesucht. Eigentlich sollte es gerade umgekehrt sein, die elektrische Ladung macht ein Teilchen schwerer: $\pi^\pm$ ist schwerer als π^0, hingegen $K^\pm$ ist leichter als K^0 oder $\bar{K}^0$. Aber da ist noch das magnetische Moment, das ist jedoch beim Proton schon wieder größer als beim Neutron, sodass die magnetische Energie ebenfalls das Proton mehr beschweren sollte. Aber Feynmann fand einen Interferenzeffekt zwischen elektrischen und magnetischen Kräften und den konnte er so hinbiegen, dass das Neutron das schwerere von beiden wurde. Er war mächtig stolz, aber was er nicht wissen konnte: Er hat sich nur selbst betrogen! Wie wir gesehen haben, liegen die Wurzeln der Frage auf dem Quarkniveau: das d-Quark ist schwerer als das u-Quark, und das Neutron enthält mehr d-Quarks als das Proton. Aber verstehen wir jetzt wirklich, warum das Proton das leichtere ist? Gar nicht, wir haben nur Zulu in Hottentottisch übersetzt. Das u-Quark hat Ladung $2/3$, das d-Quark hat Ladung $-1/3$, also wenn es redlich zugeht, muss u schwerer als d sein, und wir haben wieder dasselbe Problem.

Friedrich Torberg lässt Tante Jolesch sagen: „Gott soll einen hüten vor allem, was noch ein Glück ist", und wir werden fragen: Zugegeben, das u-Quark ist das leichteste, ist es dann in die Natur gemeißelt: „Die Welt kann Leben gebären"? Die Antwort ist „nein", wir haben schon wieder noch einmal ein Glück gehabt. Wäre d viel schwerer als u, wäre das auch tödlich. Dann wäre das Neutron so instabil, dass es nicht einmal die Kernkräfte zusammenhalten könnten. Außer P gibt es aber keinen Atomkern, der nur aus Protonen besteht; in diesem Szenario gäbe es an chemischen Elementen nur den Wasserstoff. So eine Welt wäre nicht so düster wie die vorige, aber auch ohne Leben.

Es drängt sich jetzt die Frage auf, ob diese vielen gütigen Fügungen aus unserer Wissenskiste mit der Aufschrift Zufall oder jener mit der Aufschrift Notwendigkeit entsprungen sind. In nüchterner Sprache: Hängen sie nur von dem dynamischen Grundgesetz oder auch vom Zustand ab? Ersteres bestimmt sicher die Spektren der fundamentalen Teile. Aber die für uns direkt relevanten Teilchen sind nichts Fundamentales, sie sind eher so etwas wie Wellen auf einem See. Deren Eigenschaften hängen auch weniger von den Kräften zwischen den Protonen und Elektronen, den atomaren Bestandteilen ihrer Materie, ab, sie sind mehr durch die lokalen Bedingungen geprägt. Also räumen wir wichtige Züge unserer Teilchen in die Zufallskiste ein und sprechen ungeniert von einem Wunder.

Die Quark-Welt sagt uns also, dass wir existieren, ist ein $(\text{Wunder})^5$, ein fünffaches Wunder:

Wunder I: d ist schwerer als u.

Wunder II: d ist nur etwas schwerer als u, nicht um so viel wie die anderen Quarkmassen auseinanderliegen.

Wunder III: $W^\pm$ und Z^0 haben so gigantische Massen, damit die schwache Wechselwirkung genügend schwach, aber nicht zu schmächtig ist.

Wunder IV: Die Masse von π ist derart ausgeklügelt, dass D bindet, ^{2}He aber nicht.

Wunder V: Die Elektronenmasse liegt so, dass $e^- \to \pi^- + \nu$ energetisch verboten ist.

Für das alles haben wir keine Erklärung. Mir fällt jetzt auf, dass ich einen Fauxpas begangen habe. Ich habe schon einige deutschsprachige Dichter zitiert, aber nicht den Dichterfürst Johann Wolfgang von Goethe. Also wollen wir mit ihm schließen:

„Das schönste Glück des denkenden Menschen ist das Erforschbare erforscht zu haben und das Unerforschliche ruhig zu verehren."

3.4 Der innere Raum

Das Wesentliche geschieht in einem verborgenen Raum.

Die Dynamik, also die Bewegungsabläufe in dem Standardmodell, wird durch die Symmetrie im inneren Raum diktiert. Erinnern wir uns an das in Kapitel 3.2 Gesagte: Die Spin 1-Teilchen (Eichbosonen) legen in jedem Punkt unseres Raumes die Richtungen im inneren Raum fest, und ihre Kopplung an die Spin 1/2-Teilchen ist so, dass letztere die Orientierung im inneren Raum nicht verlieren. Es stellt sich heraus, dass diese Gesichtspunkte die mathematische Beschreibung weitgehend einengen und die allgemeine Struktur der Bewegungsgleichungen festlegen; nur die Stärken dieser Kopplungen müssen dem Experiment entnommen werden.

Begrifflich sind diese Eichtheorien sehr einfach, aber rechnerisch ungeheuer komplex. Es sind nichtlineare Gleichungen, und wie in vielen Gebieten braucht man moderne Großrechner, um zu einem numerischen Ergebnis zu kommen. Da die Theorie aber das Verhalten der Teilchen mit 1/1000 Genauigkeit beschreibt, heißt das, dass diese Winzlinge als höchst genaue Analogcomputer für die Gleichungen der Eichtheorie agieren. Wir sind zwar in der Miniaturisierung von Computern schon ziemlich weit gekommen, aber dass diese komplizierten Gleichungen von einem 10^{-16} m großen Ding in 10^{-26} s gelöst werden können – so kurz ist die Zeit eines Zusammenpralls –, erscheint unfassbar. Viele Leute haben keine Schwierigkeiten, das anzunehmen; sie sagen, das ist halt so: Wenn das ein Problem ist, dann nur ein psychologisches, aber kein physikalisches. Ich möchte diese Frage aber nicht so ohne weiteres unter den Tisch kehren, sondern noch eine Sicht diskutieren, die diese Minisupercomputer etwas verständlicher machen kann. Die Spuren solcher Ideen reichen weit in die Vergangenheit.

Kurz gesagt ist die Vorstellung die, dass es nur an unserer menschlichen Perspektive liegt, dass uns die Fundamentalteilchen so klein erscheinen. In Wirklichkeit sind es recht komplexe Gebilde, denn der richtige Längenmaßstab ist die Plancklänge, und mit dem gemessen sind sie doch 10^{19} groß. Und die Plancklänge ist die relevante Größe, denn der innere Raum ist eigentlich auch eine Komponente des Raums, in dem wir leben, nur hat diese Richtung die kosmische Expansion nicht mitgemacht und ist auf die Plancklänge geschrumpft. Dort hat sich diese Dimension durch Effekte der Quantengravitation stabilisiert, aber wie, können wir im Detail heute noch nicht verstehen.

Die Wurzeln dieser Vorstellungen finden wir schon in physikalischen Urzeiten, wo man von der Quantentheorie noch fast gar nichts verstand, und wir wollen jetzt diesem geistigen Abenteuer etwas nachspüren: 1916 hatte Einstein seine Relativitätstheorie gekrönt, indem er die Gleichungen fand, welche das Gravitationsfeld beherrschen. Allerdings hatte David Hilbert die nötige Rechentechnik bravouröser gemeistert und diese Gleichungen kurz vor Einstein veröffentlicht. Doch letzterer hatte die gedankliche Vorarbeit geleistet, so dass sie zu Recht Einsteingleichungen heißen. Die Fachwelt war durch diese neuartige Theorie überfordert, und das Spektrum der Reaktionen reichte von Beschimpfungen bis zu geistlosem Nachplappern. Allerdings waren die Effekte, die sie in Änderung der Newton'schen Gravitationstheorie prophezeiten, winzig, so blieb das Ganze für lange Zeit ein Reibeisen für

Philosophen. Heute hat die menschliche Gesellschaft einen erheblichen Nutzen von der Relativitätstheorie über das schon erwähnte GPS (Global Positioning System). Dabei empfängt man Radiosignale von etlichen im All stationierten Satelliten, und aus der Differenz der Empfangszeiten lässt sich die eigene Position auf 10 m genau rekonstruieren. Da gibt es eine Unzahl von Nutznießern: Schiffe in der Nacht oder im Nebel, Forscher im Urwald, verwirrte Fremdlinge in der Großstadt etc. Um diese phantastische Genauigkeit zu erreichen, müssen natürlich die kleinsten Korrekturen berücksichtigt werden; so auch die Relativitätstheorie. Ohne sie wäre das GPS unbrauchbar.

Eine Reaktion auf Einsteins Arbeit wies jedoch in die Zukunft. 1919 reichte Theodor Kaluza eine originelle Erweiterung der Einstein'schen Gleichung bei der Preußischen Akademie der Wissenschaften zur Veröffentlichung ein. Er nahm an, unser Raum hätte vier Dimensionen, die Raumzeit eine mehr, also fünf, aber man sieht die vierte Raumdimension nur deswegen nicht, da nichts von ihr abhängt. Wie er fand, beschreiben dann die Einstein'schen Gleichungen nicht nur das reine Gravitationsfeld, sondern es ist an ein elektromagnetisches Feld gekoppelt. Auf diese sonderbare Weise werden daher Gravitation und Elektrizität perfekt zusammengeschmiedet. Der Gutachter für diese Arbeit war kein geringerer als Einstein selbst. Er muss sich durch diese mysteriöse vierte Dimension, die man nicht sehen kann, etwas gefoppt gefühlt haben. Doch hatte er offenbar das Gefühl, da könnte etwas dahinter sein und lehnte die Arbeit nicht ab. Was er machte, war gar nichts; er ließ die Arbeit einmal zwei Jahre auf seinem Schreibtisch liegen, vielleicht hat er sie ganz einfach schubladisiert. Schließlich hat er sie doch angenommen, ohne sich zu entscheiden, ob sie Sinn oder Unsinn ist. Wir können ihm dies nicht verübeln, denn wir wissen es bis heute nicht. Allerdings hat diese Arbeit ein Paradigma geschaffen, von dem seither viele Physikergenerationen leben. Man kann nämlich eine einfache Antwort auf die Frage geben, warum wir die vierte Dimension nicht sehen: sie ist zusammengeschrumpft! Lebten wir nämlich in einer vierdimensionalen Röhre, deren dreidimensionale Achsen unseren bekannten Raum darstellten, so wäre die vierte Dimension, also der Umfang der Röhre, winzig. Dann kann sich in dieser Richtung nichts entwickeln, und die Röhre würde wie ein dreidimensionaler Raum wirken. Will man sogar die Stärke der elektrischen Wechselwirkung aus jener der Gravitation ableiten, dann muss der Radius der Röhre etwa so klein wie die Plancklänge sein. Seither war man eifrig beschäftigt, das Röhreninnere zum inneren Raum der Fundamentalteilchen auszugestalten, mit und ohne Änderung seiner winzige Größe. Nun wird man fragen, wie es kommt, dass unsere drei Raumdimensionen, die unermessliche Gebiete überspannen, so kleine Geschwister haben. Aber unser Raum hat ja auch wie eine Zwergenstube angefangen, und es ist schon vorstellbar, dass andere Richtungen schon wieder eingebrochen sind oder sich gar nicht ausgedehnt haben. Da die Plancklänge im Spiel ist, muss es sich um einen Effekt der Quantentheorie handeln. Sie verhindert ja, dass das Elektron in den Atomkern fällt, vielleicht lässt sie auch nicht zu, dass der innere Raum auf einen Punkt schrumpft und stabilisiert ihn bei der Plancklänge. Um in diese Gefilde experimentell vorzudringen, müssten wir Teilchen beschleunigen, bis ihre Energie der Planckmasse entspricht, und davon sind wir noch weit entfernt. Also können zur Zeit die Physiker ungestört ihre

Märlein weiterspinnen, und daran mangelt es ja nicht. So verfolgt man jetzt eifrig die „Stringtheorie", welche Teilchen als Fädchen mit einem Durchmesser der Plancklänge darstellt. Viele finden die Vorstellung, die Ursuppe, die nach dem Urknall gekocht wurde, wäre eine Nudelsuppe gewesen, sehr lecker. Doch experimentelle Anhaltspunkte gibt es nicht, und sie sind auch nicht in Aussicht. Aus heutiger Sicht kommt man aber nicht daran vorbei, dass der Urgrund des Geschehens sich auf Gebieten der Plancklänge und Energien bei der Planckenergie abspielt. Die Massenunterschiede der Fundamentalteilchen nehmen sich neben diesen gewaltigen Energien wie ein Spinnengewebe auf einem Stahlkoloss aus. Und doch ist dieses Gewebe so fein gesponnen, dass es unser Leben trägt; wir dringen hier schon in uns rätselhafte Welten vor.

4 Weißt Du, wie viel Sternlein stehen?

4.1 Geburt eines Sternes

Auch bei Sternen gibt es Geburt, Leben und Tod.

Die Überschrift dieses Kapitels ist der Anfang eines Kinderliedes, welches die Frage stellt „Weißt Du, wie viel Sternlein stehen auf dem blauen Himmelszelt". Doch dann kommt eine überraschende Wendung. „Weißt Du, wie viel Wolken gehen weithin über alle Welt". Es schlägt plötzlich in das andere Extrem um: Die Sterne sind Lichtpunkte am Himmel, die man abzählen kann, sie bewegen sich nach ehernen Naturgesetzen, signalisieren die Ewigkeit. Wolken sind genau das Gegenteil. Sie sind zufällige Gebilde, gehen ineinander über, entstehen und vergehen, symbolisieren die Vergänglichkeit. Jetzt nimmt das scheinbar naive Lied eine noch erstaunlichere Wendung „Gott der Herr hat sie gezählt, dass ihm auch nicht eines fehlt von der ganzen großen Schar". Damit führt das Lied direkt in das Leitmotiv dieses Buches: Es gibt Dinge, deren Entwicklung durch die Naturgesetze festgelegt sind, es gibt Dinge, deren Schicksal sich der menschlichen Vernunft entzieht, doch das alles wird von einer höheren Macht bestimmt. Ich höre einen Physiker einwenden: „In dem Lied kann doch nur kindischer Unsinn stecken. Auch zwischen Sternen und Wolken ist kein so gewaltiger Unterschied. Sterne sind ja nur kosmische Gaswolken, die sich zusammengezogen

125

haben. Dies geschieht nach den Gesetzen der Mechanik und der Newton'schen Gravitationskraft; da kann doch nichts Mysteriöses daran sein, bleiben wir doch bei den wissenschaftlichen Fakten!" Genau letzteres wollten Heide Narnhofer, eine mathematische Physikerin, Harald Posch, ein Experimentalphysiker, und ich machen, allerdings im heutigen Zeitalter der Hochgeschwindigkeitsrechner. Wie sich viele Teilchen unter dem Einfluss anziehender Kräfte zu einem Gestirn zusammenballen, wird zwar durch die Gleichungen der Newton'schen Mechanik festgelegt, doch sind diese viel zu kompliziert, als dass durch die menschliche Rechenkunst von Hand viel Information herauszudestillieren wäre. Aber moderne Computer sind dem Problem gewachsen, und ich möchte dem Leser durch ein Gedächtnisprotokoll unserer Zusammenarbeit ein Bild davon vermitteln, was sich dem neugierigen Physiker dabei für Perspektiven eröffnen, und wie das Kinderlied doch einen tieferen Sinn bekommt.

Akt 0:

Ich: Was wäre denn ein vernünftiges Modell, um zu studieren, wie Teilchen unter einer gegenseitigen Anziehung kondensieren?

Harald: Damit am Bildschirm nicht nur ein unübersichtliches Gewimmel entsteht, sollten es nicht zu viele sein.

Heide: Zuwenig gibt aber vielleicht die Situation auch nicht richtig wieder, wären 400 ein akzeptabler Kompromiss?

Harald: Rechentechnisch kein Problem.

Ich: Eine Gefahr scheint mir zu sein, dass ein Teilchen nach dem anderen das Weite sucht, und dann zuwenig übrigbleiben. Also machen wir als würden sie sich in einem geschlossenen Universum bewegen. Wenn ein Teilchen auf der einen Seite zu entwischen versucht, dann kommt es auf der anderen wieder herein.

Harald: Wenn wir schon beim Vereinfachen sind, dann sollten wir die Newton'sche Anziehungskraft bei kleinen Abständen zwischen den Teilchen mildern, denn sonst wird die Bewegung zu schnell, und der Computer kann sie nicht mehr auflösen.

Heide: Und dann lassen wir die Kraft mit größerem Abstand stark abfallen, sonst kriegen wir langanhaltende globale Bewegungen, die maskieren das, was uns eigentlich interessiert.

Ich: Jetzt habe ich schon keine Skrupel mehr und möchte die Bewegung noch auf eine Ebene beschränken. Am Bildschirm sehen wir sowieso alles auf eine Ebene projiziert, und auch am Himmel gibt es viele flache Gebilde.

Wir nehmen alle diese Vereinfachungen hin und trösten uns damit, dass es ja nur ein simples Modell sein soll, das die wesentlichen Züge zeigt.

Akt I:

[Harald ist ein Computerexperte, der schon die kompliziertesten molekularen Bewegungen berechnet hat. Für ihn sind 400 Teilchen mit angenehmer Anziehung auf einem Torus „peanuts" (eine Kleinigkeit), und er hat alsbald das Computerprogramm entwickelt. Er wird uns die resultierende Bewegung zeigen, und wir sitzen gespannt vor dem Computer und starren auf den Bildschirm.]

Ich: Vorläufig schaut mir das wie ein Bienenschwarm aus, dem ich eigentlich gar nichts ansehen kann.

Harald: Es sind ja erst einige Stoßzeiten vergangen. Der Computer zerteilt jede Stoßzeit in tausend Schritte, und in jedem Schritt muss er die Änderung der Geschwindigkeiten und Orte aller 400 Teilchen berechnen. In der kurzen Zeit hat er also schon viele Millionen Rechenoperationen ausgeführt.

Heide: Jetzt sammeln sich hier viele Teilchen auf einem Haufen, als würden sie sich um eine Königin scharen.

Ich: Königin gibt es hier keine, alle Teilchen sind gleichberechtigt. Der Haufen hat sich auch schon wieder aufgelöst. Aber jetzt scheinen sie auf ein Zentrum zu stürzen.

Heide: Zentrum gibt es auch nicht, alle Punkte sind gleichberechtigt. Jetzt entstehen sogar schon mehrere komische Knödel.

Harald: Nun hat ein Klumpen mit mehr Teilchen einen kleineren aufgesprengt und sich die Bruchstücke

128

einverleibt. Es ist so wie in einem Aquarium, wo die größeren Fische die kleineren fressen.

Ich: Endlich haben wir nur zwei Aggregate, der Rest wurde schon leergefischt. Ich glaube, wir können sie schon Sternlein nennen.

Heide: Die zwei lassen neben sich nichts mehr aufkommen. Sie driften nur mehr so vor sich hin.

Ich: Ja, jetzt fängt es schon an langweilig zu werden. Nur mehr eine kosmische Katastrophe (wenn beide zusammenstoßen) kann den einförmigen Trott beleben.

Harald: Endlich schienen sie auf Kollisionskurs, aber dann haben sie es sich doch wieder anders überlegt.

Ich: Wer wohl bei einem Zusammenstoß gewinnen wird? Sie sind ja ungefähr gleich groß.

Harald: Keiner wird gewinnen. Beide werden Federn lassen und es wird ein Riesenstern entstehen, der zukünftig allein herrscht.

Heide: Jetzt wird es spannend, sie können sich nicht mehr ausweichen.

Ich: Da haben wir den „big splash". Wie du gesagt hast, Harald, bleibt ein Stern übrig, der größer ist als die Vorgänger, aber viele Teilchen wurden dabei doch in die Atmosphäre geblasen. Natürlich habe ich in der Aufregung Unsinn geplappert, man kann nicht sagen, welcher gewonnen hat.

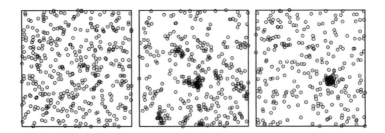

Abbildung 4.1: Zweidimensionales Modell für die Entstehung eines Teilchenclusters. Die drei Schnappschüsse zeigen links den Ausgangszustand, ein zufällig angeordnetes Gas von „Teilchen", in der Mitte einen Zwischenzustand mit mehreren kleinen Clustern kurz nach dem Beginn der Simulation, und rechts einen Endzustand nahe dem thermodynamischen Gleichgewicht: ein Cluster herrscht.

Heide: Fernerhin scheint der eine Stern alles zu beherrschen, wir haben so etwas wie die „Pax Romana". Was kann sich da noch ändern?

Ich: Ich glaube nichts mehr. Aber zwei Dinge würde ich noch gerne genauer sehen. Vor lauter Getümmel kann man das Schicksal eines einzelnen Teilchens nicht mehr verfolgen. Bleiben die immer in einem Stern gefangen oder können sie manchmal entkommen? Zweitens schien es mir, dass die Teilchen im Stern viel schneller sind als draußen. Aber da drinnen wimmelt es so, dass man nicht sicher sein kann.

Harald: Beide Fragen kann ich durch Einfärbung klären. Gebe ich einem Teilchen eine andere Farbe als den restlichen 399, dann sticht es heraus und wir sehen, was es macht. Ferner mache ich die langsameren Teilchen blau und die schnelleren Teilchen rot, und dann sieht man sofort, wo die heißen Stellen auf unserem Himmel sind.

Akt II:

[Harald hat eingefärbt, Heide und ich haben einige theoretische Überlegungen angestellt, und wir sitzen schon wieder vor dem Bildschirm.]

Harald: Ein beliebiges Teilchen habe ich als weißes Ringlein gefärbt und ich glaube, es hebt sich recht gut von dem Rest ab.

Ich: Unser Testteilchen scheint plan- und ziellos herumgeschubst zu werden, ich kann keine Regelmäßigkeit erkennen.

Heide: Ja, es ist ein echter „random walk". So soll ja auch die Brownsche Bewegung aussehen.

Harald: Jetzt kommt das Testteilchen in die Nähe des einen Sterns. Ich bin neugierig, ob es eingefangen wird.

Heide: Nein, es ist nur hineingeplumpst, aber auf der anderen Seite wieder entwischt. Der Stern ist doch kein perfekter Staubsauger.

Harald: Nun scheint sich das Testteilchen um den Stern nicht mehr zu kümmern.

Ich: Aber jetzt ist es geschehen. „Er hat ihn schon und hält ihn fest, weil er mit sich nicht spaßen lässt".

Heide: Ja, und im Inneren des Sterns zappelt er herum, dadurch sehen wir, wie heiß es drinnen ist.

Ich: Mir kommt es so vor wie beim α-Zerfall, wo das α-Teilchen im Kern ja auch viele Fluchtversuche unternimmt, bis es dann einmal gelingt.

Harald: Jetzt kommt der big splash, wo die Sterne zusammenstoßen, was wird dabei mit unserem Gefangenen geschehen?

Ich: Schwupps, er ist schon wieder draußen, er hat die Gelegenheit zur Flucht genützt. Viel Neues kann ab nun nicht mehr geschehen. Apropos heiß, schauen wir uns die Temperaturverhältnisse einmal genauer an.

Harald: Die Sterne sind rot, die Atmosphäre blau, also drinnen ist es offensichtlich viel heißer als draußen.

Heide: Mich stört das, denn Boltzmann hat uns ja eingetrichtert, dass das Universum einmal dem Wärmetod erliegen muss. Dann muss es im Gleichgewicht draußen so heiß sein wie drinnen.

Ich: Vielleicht haben wir nicht lange genug gewartet. Da manche heiße Teilchen entkommen und kalte hineinfallen, muss sich ja die Temperatur einmal ausgleichen.

Heide: Mir ist das jetzt nicht mehr so klar. Drinnen ist es genau deswegen so heiß, weil sich die Teilchen beim

Hineinfallen erhitzen. Wir sehen ja nichts anderes als einen kosmischen Föhn.

Harald: Am besten ist es, ich mache einen Zeitraffer. Ich überspringe etliche tausend Stoßzeiten, der Computer rechnet ohnedies schneller als wir schauen können, und dann sehen wir, ob sich das Ganze aufgeheizt hat.

Heide: Tatsächlich, jetzt ist alles gleichmäßig rötlich. Boltzmann hatte mit dem Wärmetod wirklich recht.

Ich: Dennoch scheint mir die ursprüngliche Nichtgleichgewichtssituation für uns wichtiger. Wir leben ja vom Sonnenschein, und den gibt es nur, weil sich zwischen Sonne und Erde eine Temperaturdifferenz aufgebaut hat. Hätten wir dieselbe Temperatur, würden wir ja gleichviel Energie auf die Sonne zurückstrahlen, als wir von ihr bekommen. Aber kurzzeitig sind wir dem Boltzmannschen Wärmetod ausgewichen.

Harald: Bevor wir uns aber so weit in die Zukunft wagen, muss ich überprüfen, ob das Computerprogramm für so lange Zeiten zuverlässig funktioniert.

Akt III:

[Wir sind wieder vor dem Computer.]

Harald: Meine Rechnung ist für so lange Zeit doch nicht schlüssig, obwohl ich mit 16-stelliger Genauigkeit rechne. Ich merke dies daran: Nachdem sich ein Stern gebildet hat, drehe ich plötzlich die Geschwindigkeiten aller Teilchen um. Dann müsste die Bewegung

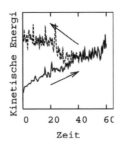

Abbildung 4.2: Zeitentwicklung der kinetischen Energie, die ein Maß für die Größe des entstandenen Clusters ist. Zu einem Zeitpunkt $t = 60$ (in dimensionslosen Einheiten) werden die Geschwindigkeiten aller Teilchen umgedreht. Die nachfolgende Bewegung entspricht daher einer Umkehr der Zeitrichtung, was durch den oberen Pfeil angedeutet ist.

rückläufig gehen, wie bei einem umgespulten Film, und der Stern muss sich wieder auflösen. Wenn ich etwa die Zahl der Teilchen im Stern als Funktion der Zeit aufzeichne, dann verhält sich diese Größe zunächst wie erwartet und folgt dieser Zahl bei der Bildung des Sternes gehorsamst. Sie läuft sogar allen kleinen Schwankungen nach. Aber nach einiger Zeit kommt die Rechnung doch dabei aus dem Takt, und dann ist es um die Reversibilität geschehen. Statt den Stern ganz aufzulösen, wird er nach einiger Zeit wieder dicker, und zur Zeit Null ist ein Stern da, obwohl es am Anfang gar keinen gegeben hat (Abbildung 4.2).

Ich kann mir dies nur so erklären, dass die unvermeidlichen Rundungsfehler, die der Computer bei unendlichen Dezimalbrüchen machen muss, dann doch so einen Effekt vortäuschen.

Heide: Das heißt, dass man durch die Rundungsfehler in eine sehr nahe benachbarte Bahn überwechselt, aber im Lauf der Zeit führt die dann doch ganz woanders hin. Wir könnten dies ja testen, indem wir gleich am Anfang von zwei verschiedenen, aber ganz benachbarten Anfangspunkten für die Bahnen ausgehen. Nach einiger Zeit müssten sie sich merklich trennen und auf etwas völlig anderes führen.

Ich: Ganz benachbart sollte aber so definiert werden, dass wir doch exakt die gleiche Gesamtenergie und den gleichen Gesamtimpuls haben. Vertauschen wir einfach die Anfangsgeschwindigkeiten von zwei weit entfernten Teilchen, die gar nichts miteinander zu tun haben. Das ändert weder Gesamtenergie noch Gesamtimpuls und sollte nach menschlichem Ermessen denselben Zustand darstellen.

Harald: Das kann ich leicht machen, und zwar am besten zuerst nur die eine Komponente ihrer Geschwindigkeiten, und dann die andere.

[Der Computer schnurrt eine Weile vor sich hin, und dann erscheint am Bildschirm, was wir mit Spannung erwarten (Abbildung 4.3).]

Harald: Ihr seht, in allen drei Fällen bildet sich ein Stern, aber wo er entsteht und wo er hintaumelt, ist immer verschieden. Wenn wir seine Bahnen in den drei Fällen vergleichen, zeigen sie keinerlei Ähnlichkeit.

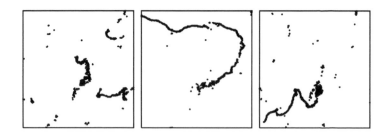

Abbildung 4.3: Schwerpunktsbewegung des jeweils größten Clusters. Links: eine Clusterbahn; Mitte und rechts: die Anfangskonfiguration ist durch das Vertauschen der x- bzw. y-Koordinaten von zwei weit entfernten Teilchen ganz leicht verändert.

Heide: Das ist, was wir nach unseren theoretischen Studien erwarten. Wir haben nämlich geschaut, was der Zustandsraum bei der hier verwendeten Gesamtenergie für Strukturen aufweist. Wir fanden, dass bei weitem das größte Volumen im Zustandsraum Strukturen mit einem Stern zeigt. Daher muss mit erdrückender Wahrscheinlichkeit fast jede Bahn in ein solches Gebiet kommen und ein Stern entstehen. Allerdings ist bei unserer Geometrie jeder Punkt gleichberechtigt, und die Wahrscheinlichkeit der Sternentstehung muss an jedem Punkt gleich sein. Offenbar sind die Bahnen, bei denen Sterne an verschiedenen Punkten entstehen, zunächst so miteinander verwoben, dass sie durch die Anfangspunkte kaum zu trennen sind.

Harald: Mich beunruhigt noch immer der Gedanke, dass wir durch die Rundungsfehler etwas vorgegaukelt

136

bekommen, was gar nicht stimmt. Ich werde dieselbe Frage an einem diskreten System studieren, bei dem der Computer nur mit ganzen Zahlen arbeitet und es keinerlei Rundungsfehler gibt. Dann wird in die Rechnung kein zufälliges Element hineingemischt, und alles kann nur von der sensitiven Abhängigkeit von den Anfangsbedingungen herrühren.

Epilog:

[Wir sitzen gemütlich beim Kaffee und tratschen über unsere Computerabenteuer.]

Harald: Das diskrete System hat die gleichen Resultate geliefert wie das kontinuierliche. Ich habe die kontinuierlichen Geschwindigkeiten eines Teilchens durch eine Größe mit nur zwei Werten ersetzt, sagen wir Spin hinauf und Spin hinunter. Dafür kann ich mir 10.000 dieser Spins leisten, ohne den Computer zu überfordern. Die Wechselwirkung zeichnet zwar oben nicht vor unten aus, ist aber so, dass benachbarte Spins am liebsten gleichgerichtet sind. Der Endzustand wird sein, dass entweder alle hinauf oder alle hinunter zeigen. Welche Alternative eintritt, hängt sensitiv von den Anfangsbedingungen ab. Tausche ich von den 10.000 Spins die Anfangswerte zweier weit entfernten Spins aus, so kommt einmal das eine, einmal das andere heraus.

Heide: Damit ist im Rahmen dieses einfachen Systems die Bedeutung der Worte „Zufall" und „Notwendigkeit" geklärt. Dass ein Stern entsteht, ist Notwendigkeit. Diese Gebiete dominieren im Zustandsraum derart, dass wir es nie erleben werden, einen Anfangswert zu finden, bei dem sich kein Stern bildet, auch wenn solche Bahnen mathematisch existieren. Wann und wo sich der Stern ansiedelt, ist rein zufällig, denn diese Bahnen können am Anfang nicht mit endlicher Rechengenauigkeit getrennt werden.

Harald: Da würde es auch wenig nützen, wenn ich statt auf 10^{-16} auf 10^{-17} genau rechnete. Dies würde nur die Zeit, nach der ich nichts mehr präzise sagen kann, um $17/16$ verlängern und nachher hätten wir dieselbe Situation. Wir rennen hier gegen eine Mauer, die wir nie überwinden können.

Ich: Nachdem wir die Bedeutung von Zufall und Notwendigkeit in diesem einfachen System geklärt haben, wollen wir uns überlegen, ob wir nicht sogar embryonale Formen vom Endzweck finden können.

Heide: Wie kannst uu so etwas vermuten, du hast selbst gesagt, dass das einzelne Testteilchen sinn- und planlos herumirrt. Wie könnte da dem System als Ganzem ein Plan zugrunde liegen?

Ich: Und doch scheint es so zu sein. Was wir als Wahrscheinlichkeit einer Konfiguration angesprochen haben, nämlich das Volumen im Zustandsraum, in dem diese Konfiguration realisiert ist, ist im wesentlichen die Entropie dieses Zustandes. Sie ist das Maß für die Zahl der Konfigurationen. Das Geschehen ist nun global beherrscht von dem Drang, dass die Konfiguration mit der größten Entropie entstehen möge. Deswegen schlucken die größeren Sterne die kleineren, die Entropie ist so etwas wie die Darwin'sche Fitness. Und der Ω-Punkt von Teilhard de Chardin ist in unserem Modell der Zustand mit nur einem allmächtigen Stern, und dem strebt alles zu.

Heide: Was du da sagst, ist ja nur eine phantasievolle Umschreibung der simplen Aussage, dass das System dem Gleichgewicht zustrebt.

Ich: Natürlich hast du Recht, nur dass hier das Gleichgewicht eine ungewohnte Struktur besitzt. Man sollte glauben, dass der Zustand größter Entropie ganz ungeordnet ist, also die Teilchen im ganzen Gebiet gleichmäßig verteilt sind. Hier tritt gerade das Gegenteil ein, sie sind alle in einem Stern konzentriert, nur wird dies dadurch aufgewogen, dass es im Stern so heiß ist und daher die Geschwindigkeiten ganz ungeordnet sind. Aber ich kann dennoch den Ablauf des Geschehens teleologisch (das heißt einem Zweck zustrebend) so deuten: Alles, das Notwendige und das Zufällige, strebt einer gewissen Ordnung zu, damit dann als Krönung dieser Schöpfung ein großer Stern entstehe. So ein Endzustand gehört in den Bereich des Notwendigen, während das Einzelschicksal der Sterne dem Zufall unterworfen ist. Wir haben ja gesehen, die Todesstunde zweier Sterne, oder der Augenblick, wann sie fusionieren, hängt von ihrer genauen Position ab. Diese Vorhersagen waren uns durch Rundungsfehler verwehrt. In Wirklichkeit gibt es zwar keine Rundungsfehler, aber doch immer winzige unvorhersehbare Störungen, die denselben Effekt haben. In unserem simplen Modell liegt alles dicht beisammen: Zufall und Notwendigkeit, Endzweck und natürliche Auslese.

Unsere Computerstudien haben uns also zu Problemen geführt, die seit langem von Philosophen hitzig diskutiert wurden. Natürlich kann kein einfacher Spezialfall endgültige Lösungen anbieten. Immerhin zeigt er, dass manches logisch verträglich sein muss, weil es aus derselben mathematischen Quelle fließt. Es ist ja überhaupt ein Unding, bei zwei mathematisch äquivalenten Beschreibungen zu sagen, die eine wäre richtig, die andere falsch. Man kann höchstens sagen, manchmal bietet sich die eine Betrachtungsweise an, manchmal die andere. Deswegen berührt es mich sonderbar, wenn man in manchen biologischen Kreisen eine ausgesprochene Feindseligkeit gegenüber teleologischen Betrachtungen findet, andererseits manche Physiker überhaupt nur mehr teleologisch denken. Die Wurzeln dafür reichen schon Jahrhunderte zurück, als man herausfand: Die tatsächliche Bahn von Teilchen zeichnet sich von allen möglichen Bahnen dadurch aus, dass für sie das Integral über alle Zeiten von ihrer so genannten Wirkung am kleinsten ausfällt. Ein Teilchen hat sozusagen stets das Geschehen in beliebiger Zukunft im Auge. Feynman hat dieses Faktum sehr nutzbringend in der Quantenmechanik verwendet und es ist aus den moderneren Theorien nicht mehr wegzudenken. Am besten ist, ich enthalte mich jeder Äußerung von Präferenzen und fasse nur die Fakten unseres Modells zusammen.

a) Es herrscht strikter Determinismus: Durch jeden Punkt im hochdimensionalen Zustandsraum geht genau eine Bahn, und sie gibt für jede Zeit an, wo sich nach dieser Zeit der Zustand befinden wird.

b) Der menschlichen Messkunst steht nicht ein Punkt im Zustandsraum, sondern nur ein etwas ausgebreiteteres Gebiet zur Verfügung. Die daraus entspringenden Bahnen stimmen nach geraumer Zeit darin überein, dass sich ein Stern bildet. Wo er sich aber nach einer bestimmten Zeit befindet, darüber herrscht kein Konsens. a) und b) sind die Quellen von Notwendigkeit und Zufall.

c) Da nach längerer Zeit immer ein großer Stern irgendwo herumkriecht, kann man dies als Endziel ansehen. Wo der Stern auch sein mag, sind dies die Zustände größter Entropie; auf diese hat es keinen Einfluss, wo sich der Stern gerade befindet, sie hängt nur von der Sterngröße ab.

d) Wir haben immer mit einem Zustand ohne Stern, also geringerer Entropie angefangen. Am Weg zum Endzustand werden immer Strukturen kleinerer Entropie, also kleinere Sterne, durch solche größerer Entropie verdrängt. Würde man das Wort Entropie durch Fitness ersetzen, hätte man ein Geschehen wie die natürliche Auslese in der Biologie. Betrachtet man nur einen Teilaspekt, wie etwa die räumliche Verteilung der Teilchen, so scheint sich die Ordnung dieser Verteilung zu vermehren, ihre Entropie also zu vermindern. Der ungeordnetste Zustand ist ja die gleichmäßige Verteilung und der geordnetste alle auf einem Haufen vereint, und dem strebt das System tatsächlich zu. Dies ist mit dem Anstieg der Gesamtentropie verträglich, da die Temperatur ansteigt und die Unordnung der Geschwindigkeiten zunimmt. Wenn also bei der Entstehung des Lebens die Ordnung eines Teils der Materie zunimmt, muss dies nicht den zweiten Hauptsatz der Thermodynamik, die Zunahme der Gesamtentropie, verletzen.

4.2 Die Sonne: Schwester oder Göttin?

Was macht die Sonne zum Sonnengott?

Unsere Sonne nimmt in allen Mythologien eine besondere Stellung ein, ist sie doch die Quelle all unseres Lebens. Dass tief am Meeresgrund, wo das Magma heraustritt, Einzeller unter fürchterlicher Hitze und gewaltigem Druck nur mit Schwefeldämpfen ihr Auslangen finden und die Sonne gar nicht zum Leben brauchen, ist für bäuerliche Völker irrelevant.

Es ist die Sonne, die für Wachsen und Gedeihen sorgt, also wurde sie zur Göttin erhoben. (In Ländern mit stärkerer Sonneneinstrahlung ist sie männlich und wird zum Gott.) Schon im alten Ägypten hatte der Sonnengott Ra eine hohe Stellung in der Götterhierarchie. Deswegen wundert einen, dass Franz von Assisi in seinem berühmten Sonnengesang die Sonne als Schwester (oder genauer Bruder) preist. Sie wird also als Geschöpf wie wir dargestllt, denselben Gesetzen untertan, mit gleichen Mächten versehen. Ist dies nicht etwas despektierlich, wirkt die Sonne nicht durch die Schaffung des Lebens ein Wunder und legitimiert so ihre Gottheit? Wir wollen in diesem Abschnitt dieser Frage nachgehen und sie mit einem klaren Jein beantworten. Betrachten wir die Situation vom Standpunkt der makroskopischen Physik, so haben die Ägypter recht. Die Sonne hat eine Eigenschaft, nämlich eine negative spezifische Wärme, die es in der bei uns gültigen Thermodynamik nicht geben darf. Die Sonne verletzt also ein Naturgesetz, und durch dieses Wunder kann sie den Sonnenschein aufrechterhalten und uns Leben spenden. Fassen wir aber die Sonne als viele Atome auf, die sich durch die Schwerkraft anziehen, so folgern wir aus den entsprechenden Bewegungsgesetzen: Die Sonne, wenn sie genügend groß ist, bekommt diese wunderbare Fähigkeit verliehen. Dann ist sie wieder unsere Schwester, allerdings eine sehr große und dicke. Schürft man noch tiefer und will dieses Resultat von der Ebene der Elementarteilchen her ableiten, ist der Weg wieder mit einigen Zufällen gepflastert und die Sache wird wunderlicher. Aber auf diesem Niveau sind wir natürlich auch ein Wunder und wir können dem heiligen Franz schon beipflichten.

Zuerst wollen wir die außerordentlichen Fähigkeiten der Sonne besprechen. Die spezifische Wärme ist als die Änderung der Temperatur mit der Energie definiert. Positive spezifische Wärme heißt also, wenn ich einem Körper Energie zuführe, wird er heißer, gibt er Energie ab, wird er kälter. Bei negativer spezifischer Wärme ist es gerade umgekehrt. Letzteres muss den aufmerksamen Leser alarmieren, und ich will ihm ein Einspruchsrecht gewähren und Rede und Antwort stehen.

Leser: Es wird also ein Körper mit negativer spezifischer Wärme heißer, wenn er Energie abgibt. Dann wird er aber noch mehr Energie abgeben, und so fort. Mit so etwas wäre ja die Menschheit ihre ganzen Energiesorgen los, das muss ich mir gleich patentieren lassen.

Autor: Wenn Sie am Patentamt einen gebildeten Beamten finden, wird er Sie gleich abweisen mit dem Hinweis, Elliott Lieb und Joel Lebowitz hätten allgemein bewiesen, dass normale Materie ohne dominierende Gravitation immer positive spezifische Wärme hat.

Leser: Sie haben gesagt, dies wird in der Thermodynamik immer vorausgesetzt. Dann muss es ja ziemlich selbstverständlich und leicht zu beweisen sein.

Autor: Das kann man nicht sagen. Der Beweis braucht alle Finessen der Quantentheorie, aber sogar die alleine genügen nicht. Wären die Elektronen Bosonen, hätte man negative spezifische Wärme.

Leser: Aber immerhin ist sie bei uns positiv, und das Ganze ist nur ein Gespenst, um den Laien zu schrecken.

Autor: Gar nicht. Bei kosmischen Körpern, die von der Gravitation dominiert sind, kommt es immer zu negativer spezifischer Wärme. Da mehr als 99% der sichtbaren Materie in Sternen steckt, ist negative spezifische Wärme eher die Regel, und wir sind die Ausnahme.

Leser: Aber nimmt so ein Körper mit negativer spezifischer Wärme nicht ein böses Ende?

Autor: Wenn der Körper nicht zu stark von der Gravitation beherrscht ist, kann er sich bessern und legt diese Unart wieder ab. Aber ein Stern, der zu groß ist, kommt da nie mehr heraus.

Leser: Ich dachte, der endet in einem schwarzen Loch, und da müsste er wenigstens davon Ruhe haben.

Autor: Ja, das hatte man gedacht, bis Stephen Hawking gezeigt hat, dass die Krankheit der negativen spezifischen Wärme in fortgeschrittenem Stadium unheilbar ist. Auch ein schwarzes Loch strahlt und wird dabei heißer und strahlt mehr bis ...

Leser: Bis?

Autor: Bis zum Schluss.

Leser: Was soll das heißen?

Autor: Bis es die größtmögliche Temperatur erreicht hat!

Leser: Und die ist?

Autor: Die Temperatur, die der Planckmasse entspricht (Nach Einstein entspricht ja einer Masse eine Energie und der wieder nach Boltzmann eine Temperatur.)

Leser: Und was ist dann?

Autor: Es schlüpfen noch ein paar Photonen mit der Planckenergie heraus und dann ist nichts mehr.

Leser: Es muss doch was überbleiben!

Autor: Gar nichts.

Leser: Ein schwarzes Loch ist doch eine fürchterliche Wunde im Raum, die muss doch eine Narbe hinterlassen.

Autor: Um das mit Sicherheit beantworten zu können, müsste ich mehr Quantengravitation beherrschen. Aber so viel ich weiß, heilt der Raum aus, und alles ist verschwunden.

Leser: Das wäre aber schade um unsere liebe Sonne.

Autor: Da kann ich Trost spenden. Die bringt es nur auf ein Begräbnis dritter Klasse – und dabei ist kein Schlussfeuerwerk vorgesehen.

Wir haben uns schon wieder im physikalischen Märchenwald verstiegen und müssen zur Realität zurückfinden. Negative spezifische Wärme gab es eigentlich schon im Abschnitt 4.1 auf dem Computerschirm zu sehen. Fängt man mit etwas größerer Energie an, verdampfen die Ansätze zu einem Stern sofort wieder, und es bleibt alles gleichförmig. Bei niederer Energie kommt es zur Sternbildung, und da sind im Inneren die Teilchen sehr heiß. Tiefere Energie bewirkt also höhere Temperatur, und das ist gerade das Phänomen der negativen spezifischen Wärme. Wem diese tiefe Frage dadurch zu kaltschnäuzig abgetan ist, dem kann ich mit einem einfachen theoretischen Beweis aufwarten. Die Temperatur T ist nämlich so mit der Geschwindigkeit verknüpft, dass sie im wesentlichen die kinetische Energie E_{kin} ist. Genauer gesagt gilt für N Teilchen in geeigneten Einheiten $E_{kin} = (3N/2)T$. Bei

Bewegung im Schwerefeld wird nun im Zeitmittel E_{kin} durch die negative Gravitationsenergie E_{grav} sogar überkompensiert, es gilt $E_{grav} = -2E_{kin}$ („Virialsatz"). Für die Gesamtenergie $E = E_{kin} + E_{grav}$ folgt daraus, dass

$$E = -E_{kin} = \quad (3N/2)T,$$

und wir haben schon die negative spezifische Wärme: Tieferes E, also mehr negatives E, zieht größeres T nach sich. Jetzt bin ich etwas über das Ziel geschossen, denn jedermann wird sich fragen, wenn das so leicht geht, warum hat man das nicht schon in der Schule gelernt? Es hat dann sogar 25 Jahre nach Entdeckung der Quantenmechanik gedauert, bis Lieb und Lebowitz zeigen konnten, dass es für normale Materie doch nicht stimmt. Dies ist ein faszinierendes Kapitel der mathematischen Physik, aber gewürzt mit so vielen mathematischen Feinheiten, dass es meiner Popularisierungskunst trotzt. Hier kann ich nur mit Biographischem aufwarten.

Zunächst zu Lieb und Lebowitz, welche die thermodynamische Stabilität, also die Positivität der spezifischen Wärme, für Systeme bestehend aus Elektronen und Atomkernen gezeigt haben. Gezeigt soll heißen, sie haben bewiesen, dass die Positivität aus der Quantenmechanik und der Natur der Kräfte zwischen diesen Teilchen folgt. Damit sind sie in ein tieferes Geheimnis der Materie eingedrungen und verdienen vorgestellt zu werden.

Joel Lebowitz stammt aus der Westukraine. Dieses multikulturelle Land war oft Spielball verschiedener Nationen, der Polen, der Russen und der Österreicher. Während des Zweiten Weltkriegs wurde es von Hitler erobert, und der wollte die dort ansässigen Juden ausrotten. Also wurde

Joel trotz seiner Jugend nach Auschwitz verschleppt, noch heute sieht man auf seinem Arm die KZ Nummer eintätowiert. Aber er überlebte, irgendwie konnte er als kleiner Bub immer wieder durch Lücken in der Mordmaschine durchschlüpfen. Er wurde 1945 befreit, und schließlich mit vielem anderen weltgeschichtlichen Treibgut an die amerikanische Küste gespült. Wie sollte er sich hier nun durchschlagen, hatte er doch im KZ keine konkurrenzfähige schulische Ausbildung bekommen. Aber mit der Intelligenz und Zähigkeit, die ihn Auschwitz überleben ließ, konnte er sich auch im akademischen Milieu hinaufarbeiten. Schließlich führte er eine der weltweit angesehensten Forschungsgruppen über statistische Mechanik in der Rutgers-Universität an. Doch ließ ihn der wissenschaftliche Erfolg seine schreckliche Jugend nicht vergessen, und er verwendet einen guten Teil seiner Zeit und Energie für die Unterstützung unschuldig politisch Verfolgter. Er kennt keine ideologischen Barrieren; keine Rücksicht auf die eigene Sicherheit, wie bei seinen Besuchen von Dissidententreffen in der Sowjetunion; er kümmert sich nicht um den Unwillen von Kollegen, wenn er dieses Thema bei jeder internationalen Konferenz auf die Tagesordnung bringt. Er sieht nur, wie sich sein eigenes Schicksal auch heute noch vielfach wiederholt.

Mit Elliott Lieb verbindet mich nicht nur eine langjährige Zusammenarbeit und Freundschaft, unsere Namen sind auch in einem mathematischen Theorem zusammengeschweißt: der Lieb-Thirring-Ungleichung. Zunächst muss ich ein mögliches Missverständnis ausräumen: Eine Ungleichung ist nicht eine falsche Gleichung, sondern sie besagt, dass eine ihrer Seiten stets größer als die andere ist. Vielleicht sollte ich ihre Entdeckungsgeschichte schildern, denn sie zeigt Wissenschaftler als Jäger: Das erahnte Resultat verbirgt sich wie ein scheues Wild immer woanders. Man muss ihm lange nachpirschen, in unserem Fall viele Jahre, bis die Stunde schlägt und man es zur Strecke bringen kann.

Ich lernte Elliott 1968 auf einer Konferenz kennen und war gleich von seinem Stil beeindruckt. Er berichtete über sein Resultat bezüglich der Restentropie von Eis, sie gibt an, durch wie viele molekulare Anordnungen sich ein Eiskristall realisieren lässt. Dieses Problem beschäftigte durch Jahrzehnte die klügsten Leute, aber es blieb ungelöst. Der doppelte Nobelpreisträger Linus Pauling hatte darüber eine Vermutung geäußert, konnte sie aber nicht beweisen. Elliot betrachtete das als mathematisches Problem und sagte sich, entweder kann man ein Resultat beweisen, oder man soll es bleiben lassen. Er tat ersteres und konnte die richtige Zahl angeben, die übrigens mit der Paulingschen Vermutung übereinstimmte. Allerdings betrachteten sie das Problem nur in der Ebene. Die Frage mit dem dreidimensionalen Tetraedergitter als Gerüst für das Eis harrt noch immer eines Super-Elliotts für ihre exakte Lösung.

Unsere erste Begegnung war nur kurz und brachte keine wissenschaftlichen Früchte. Zu dieser Zeit war ich im Direktorat von CERN, dem europäischen Laboratorium für Teilchenphysik, tätig. Im folgenden Jahr erfuhr ich von der oben erwähnten Arbeit von Lieb und Lebowitz über das thermische Verhalten normaler Materie. Mir schien dies für die physikalische Allgemeinbildung so wichtig, dass ich Elliott zu einem Vortrag an das CERN einlud. Als ich ihn am Flughafen abholte und er nur eine kleine Zipptasche als Gepäck hatte, fragte ich ihn, wo die Unterlagen für seinen Vortrag wären, worauf er nur kurz auf seine Stirne

Abbildung 4.4: Elliott Lieb und ich bei der Zusammenarbeit

wies. Sein brillanter, frei gehaltener Vortrag beeindruckte die meisten. Ich selbst war nicht ganz befriedigt, denn sein Beweis von der thermischen Stabilität beruhte auf einer anderen Art der Stabilität. Sie besagt, dass die aus einem Konglomerat von Atomen zu gewinnende Energie beim Hinzufügen neuer Atome nicht stärker als mit der Zahl der Atome anwachsen kann. Etwa zwei Liter Benzin enthalten nur doppelt so viel Energie wie ein Liter. Diese Art der Stabilität war einige Jahre vorher von Dyson und Lenard mit einem mathematischen Feuerwerk bewiesen worden. Es waren dies 40 Seiten gestopft mit raffinierten Ungleichungen und Tricks, aber nicht leicht zu durchschauen. Ich gestand Elliott, ich könne das Ganze noch immer nicht wirklich überschauen und er pflichtete mir bei. Auch er hätte für diese Stabilität gerne einen durchsichtigeren Beweis, er wüsste nur nicht wie. Also fügten wir diese Frage zu unserer Nachdenkliste hinzu.

Obgleich wir in den nächsten Jahren verwandte Probleme lösten, machten wir hier keinen Fortschritt. Ich war wieder nach Wien zurückgekehrt. Als ich 1974 eine Gastprofessur zur Verfügung hatte, lud ich Elliott ein in der Hoffnung, wir würden einen einfachen Beweis für die Stabilität der Materie finden. Sein Besuch war sehr anregend und brachte viele Früchte, aber nicht das erhoffte Resultat. Also lagen wir wieder ein Jahr auf der Lauer, 1975 konnte Elliott wieder nach Wien kommen. Als ich ihn am Flughafen abholte, sagte er: „I feel it in my bones, this time we will lick the problem." (Ich spüre es in meinen Knochen, diesmal werden wir das Problem knacken). Dann folgten Wochen intensiver Arbeit, Tafeln voll von zahllosen Versuchen, die als vergeblich wieder abgelöscht wurden. Doch wenige Tage bevor Elliott wieder nach Hause musste, stand sie plötzlich vor uns: Die Lieb-Thirring-Ungleichung. Sie bewirkt, dass das Paulische Ausschlussprinzip die kinetische Energie der Elektronen mit deren Dichte zur Potenz 5/3 anwachsen lässt. Daraus folgt dann mit Resultaten, die Elliott Lieb und Barry Simon schon bewiesen hatten, sogar die Stabilität der Materie.

Unser Beweis vereinfachte den von Dyson und Lenard nicht nur beträchtlich, wir benötigten 3 an Stelle von 40 Seiten, er wurde numerisch auch präziser. Bei so vielen Abschätzungen und Ungleichungen verliert man doch immer ein wenig, etwa einen Faktor zwei pro Seite. Bei 40 Seiten akkumuliert sich dies zu 2^{40} das ist etwa 10^{14}. So konnten Dyson und Lenard nur zeigen, dass in einem

Haufen von N Atomen nicht mehr als die $N \times 10^{14}$-fache Energie eines Atoms stecken kann. Wir konnten diesen Wahnsinnsfaktor 10^{14} auf 8 reduzieren, aber optimal war das auch nicht! Die empirische Evidenz sagt einem, der Faktor könne nicht viel größer als 1 sein. Das bekämen wir, wenn unsere Ungleichung in ihrer schärfsten Form gelten würde: Unsere Ungleichung besagt, dass die kinetische Energie der Elektronen größer sein muss als ein gewisser Faktor mal dem Integral über (Dichte)$^{5/3}$. Die stärkste richtige Aussage erhielte man, wenn in ihr der Faktor vor (Dichte)$^{5/3}$ um $(4\pi)^{2/3}$ größer wäre als bei uns. Also stellten wir diese schärfere, unbewiesene Form der Ungleichung als Vermutung in den Raum. Während man unsere Ungleichung ins Museum abtransportierte, wurde unsere Vermutung zum Spielball der Fachleute. Viele versuchten sie mit Genialität zu beweisen, oder mit Supercomputern zu widerlegen, beides misslang. Man konnte auf den fehlenden Faktor nur einige Prozent gewinnen. Doch eines Tages, nach Jahrzehnten, fand ein mir bis dahin unbekannter Mann, Timo Weidl, man müsse das Problem nur etwas anders sehen, dann schmelze der fehlende Faktor $(4\pi)^{2/3}$ zu $2^{2/3}$. Ob dies weiter zu eins reduziert werden kann und dann die Lieb-Thirring-Vermutung zum Theorem wird, steht in den Sternen.

In den Sternen gilt die Lieb-Thirring-Ungleichung natürlich auch, aber der Schluss von ihr auf die Stabilität versagt bei Gravitationskräften. Dadurch öffnet sich die Tür zur negativen spezifischen Wärme. Diese scheint schon zu Beginn des 20. Jahrhunderts in einem Buch von Robert Emden über Gaskugeln auf. Allerdings steht sie nur zwischen den Zeilen, der Autor hatte sich nicht getraut, dieses paradoxe Verhalten zu betonen. Als hingeworfene

Bemerkung kommt sie in der berühmten Lehrbuchreihe von Lev D. Landau und Eugenij M. Lifschitz vor, doch wieder ohne weitere Diskussion. So konnte diese Vorstellung in der Physik nicht richtig Fuß fassen, während sie in astronomischen Kreisen Gemeingut wurde. So haben 1968 Donald Lynden-Bell und R. Wood genau diesen Fragen eine ausführliche Arbeit gewidmet; Lynden-Bell erhielt dafür später eine hohe britische Auszeichnung.

Ich wurde mit dem Problem konfrontiert, als ich bei einem Vortrag von Fred Hoyle durch folgende Bemerkung aufschreckte: „Ein Stern ist wie eine Wärmemaschine, je mehr Energie er abstrahlt, desto heißer wird er." Dies bedeutete ja negative spezifische Wärme. Ich hatte aber in meinen Vorlesungen immer bewiesen, dass die spezifische Wärme durch das Schwankungsquadrat der Energie darstellbar ist. Als Quadrat einer reellen Zahl muss sie daher positiv sein. Was war da los? Nach langem Grübeln kam ich darauf, dass mein Beweis sich nur auf ein System in einem Wärmebad bezog. Aber ein System negativer spezifischer Wärme wird sich ja nie zu einem thermischen Gleichgewicht mit einem anderen Körper hergeben, nur isoliert kann es diese Marotte kultivieren. Dies bewies jedoch noch nicht, dass ein isolierter Körper tatsächlich negative spezifische Wärme haben kann. Also bastelte ich an verschiedenen mathematischen Modellen herum, bis mir eine einfache Realisierung gelang. Ich stellte mich ganz dumm und sagte mir, Schwerewechselwirkung ist so etwas wie eine Grube, nur dass sich jedes Teilchen mit jedem anzieht. Also sollte die Tiefe der Grube proportional zu der Zahl der Teilchen, N, sein. Ich lasse also die Wechselwirkung zwischen den Teilchen weg und stelle irgendwo eine Grube mit Tiefe N hin. Die thermischen Eigenschaften dieses primitiven Modells konnte ich explizit ausrechnen und siehe da: für einen gewissen Energiebereich existierte in diesem Modell negative spezifische Wärme.

Ich war begeistert, schrieb es auf, und reichte es zur Veröffentlichung ein. Meine Begeisterung übertrug sich nicht auf den Referee der Zeitschrift, und er wollte die Arbeit nicht annehmen. Nicht dass er gesagt hätte, es wäre zu trivial, denn die Astronomen wüssten dies ohnedies. Im Gegenteil, er meinte, das wäre zu revolutionär und da könne etwas nicht stimmen. Aber er war ein Gentleman und lehnte es nicht einfach ab, sondern lud mich zu einem Vortrag ein. Zu diesem Vortrag hatte er alle Experten der statistischen Physik eingeladen, und die bedrängten mich, ich möge meinem Irrglauben abschwören. Ich stand also da wie Martin Luther vor Karl V. und konnte auch nur sagen: ich kann nicht widerrufen, was gegen mein (Ge)Wissen ist. Gott helfe mir. „Amen" musste ich nicht sagen und auch nicht auf die Wartburg fliehen. Aber der Referee wollte diese Häresie doch ausrotten. Als er keinen Fehler in meiner Mathematik finden konnte, sagte er: „Wenn das stimmt, was Sie sagen, dann sind die Voraussetzungen, die in die statistische Mechanik einfließen, nicht erfüllt. Das Problem ist ein dynamisches, und Sie konnten nicht zeigen, dass Ihre thermischen Eigenschaften mit der tatsächlichen Bewegung der Teilchen etwas zu tun haben. Ich halte also das Ganze für Unfug, aber wenn Sie sich lächerlich machen wollen, dann publizieren Sie doch." Ich riskierte und publizierte.

In den folgenden Jahren konnten meine Mitarbeiter und ich das Modell wirklichkeitsnäher gestalten. Die negative spezifische Wärme blieb zwar, aber der Einwand des Referees blieb auch. Wer konnte schon die Bewegung vieler sich anziehender Teilchen berechnen? Aber nach 20 Jahren hatte sich das Blatt gewendet, der Computer hatte seinen Siegeszug angetreten. Die Berechnung der Bewegung von 400 sich anziehender Teilchen stellt keine Schwierigkeit mehr dar, und drei Holländer, A. Compagner, C. Bruin und A. Roelse studierten diesen Fall (unsere im Kapitel 4.1 beschriebene Unternehmung war nur eine Fortsetzung ihrer Arbeit). Sie fanden meine Resultate bestätigt, es entstand ein Stern und je geringer die Gesamtenergie, desto schneller wurden die Teilchen, und daher wurde es umso heißer. Hatte sich also der Referee lächerlich gemacht? Nicht ganz, außerdem war er nicht nur Gentleman, sondern sogar Nobelpreisträger. Der Computer zeigte etwas, das sich meiner thermodynamischen Betrachtung entzog. Es wird nämlich, wie im Kapitel 4.1 geschildert, zunächst im Stern viel heißer als außerhalb, und erst viel später gleicht sich die Temperatur aus. Aber Ersteres ist gerade unsere Lebensquelle, denn in einem Gleichgewichtszustand könnten wir nicht entstehen. Der Wärmetod war nicht nur zunächst umgangen, sondern genau sein Gegenteil trat ein. Das anfänglich scheinbare Gleichgewicht war nicht stabil und es bildeten sich heiße Stellen. Mit positiver spezifischen Wärme hätten sich die Sterne bei Abstrahlung ihrer Gravitationsenergie nicht erhitzt, und in ihrem Inneren hätten die Kernreaktionen nie gezündet. Dann gäbe es eine Welt ohne C, N und O, sie wäre leblos.

Also war die Sonne wieder auf den ihr gebührenden Platz gerückt. Als Schwester insofern, als alles nach den Gesetzen abläuft, denen auch wir unterworfen sind. Aber doch auch als Göttin, die Quelle unseres Sonnenscheins und damit die Lebensspenderin.

4.3 Drei Arten von Begräbnis

Manche Sterne sterben bescheidener, manche mit riesigem Spektakel.

Wenn sich kosmische Gasmassen zusammenballen, entsteht ein Föhnsturm von unvorstellbarer Hitze. Wir bekamen ja eine direkte Demonstration einer solchen Höllenglut, als der Komet Shoemaker zerbrach und auf dem Jupiter einschlug. Noch nach Stunden waren die an sich winzigen Einschlagstellen als gleißende Flecken am Jupiter zu sehen. Allerdings verstrahlt eine solche oberflächliche Hitze schnell, und das Schauspiel war bald zu Ende. Aber in einem Stern sitzt die Hitze im Inneren, und es dauert unglaublich lange, bis die Strahlung da heraus kann. Wenn ein Photon direkt aus der Sonne heraus flöge, würde es von der Mitte bis zur Oberfläche nur wenige Sekunden brauchen, denn der Sonnenradius ist 10^9 m und die Lichtgeschwindigkeit 3×10^8 m/s. Tatsächlich braucht es aber Millionen von Jahren; wir genießen den Sonnenschein, der in der Urzeit entstanden ist.

Wie kann man das ausrechnen?

Ganz leicht, wir haben es schon getan. Das Problem ist dem Kugelspiel von Anhang F äquivalent, wir müssen nur die Worte Schwarz und Weiß durch Streuung nach vorne und nach hinten ersetzen. Das Photon wird unterwegs dauernd gestreut, sagen wir mit gleicher Wahrscheinlichkeit nach vorne und nach hinten. Wird es N-mal gestreut, so fanden wir im Anhang F für die Wahrscheinlichkeit, dass das Photon $N(1 + d)/2$ mal nach vorne und sonst nach hinten geht, 2^{-cNd^2}. Damit diese Wahrscheinlichkeit merklich wird, brauchen wir $d < 1/\sqrt{N}$, N bezeichnet immer die Zahl der Streuungen. Für $d \sim 1/\sqrt{N}$ geht das Photon $N/2 + \sqrt{N}/2$ mal nach vorne und $N/2 - \sqrt{N}/2$ nach hinten, kommt also insgesamt um $\sqrt{N}$ voran. Hat man etwa einen Streuvorgang pro mm, so kommt das Photon nach N Streuungen nur um $\sqrt{N}$ mm statt N mm nach außen. Für N muss daher gelten $\sqrt{N}$ = Sonnenradius in mm = 10^{12}.

Diese gigantische Zahl für den Sonnenradius bekommt man folgendermaßen: Die Sonne ist etwa 100-mal so dick wie die Erde, letztere hat etwa 10 000 km Radius, und der Radius der Sonne liegt bei 1 000 000 km. Ein km hat 10^6 mm, und schreibt man alles in Zehnerpotenzen, findet man für den Sonnenradius 10^{6+6} mm = 10^{12} mm. Der Weg ins Freie führt also über $N = (10^{12})^2 = 10^{24}$ Streuungen. Für einen mm braucht das Photon $\sim 10^{-11}$ s, also für 10^{24} Streuungen 10^{13} s, das sind einige Millionen von Jahren.

Es ist kein Zufall, dass diese Zeitspanne wieder das früher abgeschätzte Kelvinsche Sonnenalter ist. Würde die Glut der Sonne nicht durch Kernreaktionen gespeist, wäre sie nach einigen Millionen Jahren erkaltet. Aber wie können Kernreaktionen geschehen, wo die Atomkerne ja von der Elektronenhülle eingekleidet sind und in normaler Materie nie zusammen kommen? Das geht so: Wenn die Gravitation übermächtig wird, werden die Atome zerquetscht, es entsteht ein Brei von Elektronen und Kernen, letztere werden dann nicht mehr von den eigenen Elektronen behütet. Ein solcher Brei heißt „Plasma", und in ihm kann es zu den anfangs aufgezählten Kernreaktionen kommen. Durch den Gravitationsdruck hat etwa der Wasserstoff in der Sonnenmitte die Dichte 150, mehr als zehnmal so dicht wie Eisen, und die Atomkerne sind viel näher beisammen als normal. Ob die Gravitation die Atome zu einem Plasma zusammenstauchen kann, hängt von der Masse des Sterns ab. Bei Massen größer als die des Jupiters beginnen die spröden Atome unter der gewaltigen Last im Inneren zu zersplittern. Aber für die Kernreaktionen muss der anfangs erwähnte Gamow-Faktor überwunden werden. Damit sie mit einer nennenswerten Rate auftreten, brauchen wir schon größere Dichten und daher eine viel größere Masse als die von Jupiter. Aber die Reaktionen treten ja nur tief im Inneren der Sonne auf, wo wir nicht hinsehen können. Wieso sind wir dann gewiss, dass es sie gibt? Heute sind wir sicher, denn die Menschheit bekam ein neues Sinnesorgan dank der Neutrinoaugen. Dies sind riesige Detektoren, die Neutrinos nachweisen können und die νs der Reaktion $P + P \rightarrow D + e^+ + \nu$ im Sonneninneren sehen. Die νs sind ja so kontaktarm, dass sie ungehindert und daher in Sekundenschnelle aus der Sonne entwischen. Sie fliegen frisch zu uns, ohne dass ihre Energie wie die der Photonen zerstückelt würde; in Japan ist so ein Neutrinoauge richtungssensitiv, und es konnte sogar nachweisen, dass die Neutrinos tatsächlich von der Sonne kommen. Somit konnte die Vision von Atkinson und Houtermans glänzend bestätigt werden, und es wird Zeit, dass ich den letzteren ein bisschen vorstelle.

Fritz Houtermans wurde von den politischen Wirren des 20. Jahrhunderts ein schreckliches Schicksal bereitet. Nach seiner Schulzeit in Wien arbeitete er in Deutschland, doch als Hitler zur Macht kam, ging er weg, teils aus Überzeugung, teils weil unter seinen Vorfahren Juden waren, sein Stammbaum nicht astrein war. Damals gab es in der Sowjetunion eine liberale Welle, und er bekam in Char-

F. G. Houtermans (signature)

Abbildung 4.5: Fritz Houtermans in Palermo, 1961

kow eine Stelle. Doch der Liberalismus währte nur kurz, und der Stalinterror schlug zu. Houtermans kam in ein Gefängnis, einen „Gulag", und Verhör und Folter blieben ihm nicht erspart. Erst durch den Hitler–Stalin-Pakt kam er heraus, doch nur vom Regen in die Traufe. In Deutschland steckte man ihn als vermeintlichen Kommunisten ins Gestapogefängnis, und er verdankte es den Bemühungen von Max von Laue, dass er überlebte. Physisch und psychisch angeschlagen, versuchte er hinfort sein Gemüt durch Alkohol, Kaffee und Nikotin zu beruhigen, was aber wieder seine Gesundheit zerrüttete. Dennoch sprudelte er von originellen Ideen aller Art. Ich fragte ihn einmal:

„Wie ist es dir nach dem Krieg in Göttingen gegangen, als es nichts zu rauchen gab?" „Da hab ich mir eine Pfeife gekauft und bin in der Nacht damit herumgegangen und habe nach englischen Soldaten Ausschau gehalten, die gerade eine Zigarette rauchten. Die habe ich um Feuer gebeten und ihnen meine leere Pfeife hingehalten. Wie sie die Zigarette hineingesteckt haben, habe ich gleich ein paar Mal fest angezogen und so doch einige Züge Zigarettenrauch bekommen." Einmal sagte er mir: „Die Einstein'sche Aussage, dass ein angeregtes Atom umso lieber ein Photon aussendet, je mehr Photonen dieser Art herumfliegen, bedeutet doch, dass es zu einer Art Lichtlawine kommen muss, wenn man viele angeregte Atome hat. Je mehr Photonen schon da sind, umso mehr werden die noch angeregten Atome das Ihre dazulegen, also steigt die Lichtintensität exponentiell an." Das war lange vor der Entdeckung des Lasers, aber ich habe nie mehr so eine treffende Beschreibung der Laserwirkung gehört. Wie dies allerdings zu realisieren wäre, haben weder er noch ich gewusst, sodass der Laser dann Jahre später in den USA entwickelt wurde.

Im Laufe der Zeit wurde unser Verhältnis Herr zu Diener zur Freundschaft, ja zur Seilschaft. Wir haben zusammen eine Arbeit veröffentlicht, allerdings war es kein Gipfelsturm, sondern nur eine kleine Etappe, der Gipfel blieb in den Wolken. Houtermans hat es wohl immer beschäftigt, wie man seine Vermutung Sonnenenergie = Kernenergie nachweisen könnte. So kam er einmal zu mir und sagte: „Du kannst doch so gut rechnen, willst du dir nicht überlegen, ob man von dem Hagel der Sonnenneutrinos nicht einige nachweisen könnte?" Dass es ein dichter Hagel sein müsste, wusste ich wohl, Fermi hatte einmal 10^{11} Neutrinos pro cm^2 und Sekunde abgeschätzt. Aber wie sollte man die einfangen, wenn ihnen sogar unsere dicke Sonne nichts anhaben konnte? Ich berechnete verschiedene Mechanismen, aber fand nichts Brauchbares. Damals war das Neutrino eine von Pauli erfundene reine Gedankenkonstruktion, es war noch nicht experimentell nachgewiesen, und viele seiner Reaktionen waren unbekannt. Wie meistens war Houtermans in seinen Visionen zu früh. Immerhin fanden wir, dass Neutrinos hoher Energie viel größer erscheinen müssten, aber das nützte nichts; Beschleuniger, die sie hätten erzeugen können, gab es noch nicht. Heute gibt es sie, und außerdem können sie viele Teilchen hoher Energie auf einmal erzeugen. Dadurch wurden die Neutrinos ein wichtiges Instrument der Hochenergiephysik. Es ist sogar gelungen, in der Schweiz einen Neutrinostrahl zu erzeugen und quer durch die Erde nach Italien zu schießen, um mit ihm dort zu experimentieren. Damals wäre uns dies wie Science Fiction erschienen. Leider konnte Fritz Houtermans diesen Fortschritt nicht mehr erleben. Seine Gesundheit war zerstört, und er starb nur etwas über sechzigjährig.

Ich weiß nicht, ob sich irgendwelche grüne Parteien von der Solarenergie distanziert haben, denn sie ist ja letztlich auch Kernenergie. Aber man könnte sagen, das wäre endlich eine umweltfreundliche Anwendung der Kernenergie, mit ihr die Sonne zu heizen. Letzterem muss ich widersprechen, nicht aus ideologischen Gründen, sondern aus wissenschaftlicher Sicht. Die Kernenergie ist nicht Heizung, sondern Kühlung der Sonne, die negative spezifische Wärme stellt wieder alles auf den Kopf. Ohne Kernenergie würde sich die Sonne noch mehr zusammenziehen und würde dadurch noch heißer. Da aber die Kernreaktionen in die Sonnenmitte so viel Energie hineinspeisen, wie an der Oberfläche abgestrahlt wird, bleibt die Temperatur gleich. Sie würde nur ansteigen, wenn sich die Gesamtenergie senkte. Das wird aber erst geschehen, wenn der Wasserstoff in der Sonnenmitte zu Helium verbrannt ist. Dann gibt es noch die weiteren Kernverschmelzungen, die Kohlenstoff, Sauerstoff und immer schwerere Elemente erzeugen. Die haben aber einen größeren Gamow-Faktor und brauchen höhere Temperaturen. Also wird dann der lieben Sonne nichts anderes übrigbleiben, als den Gürtel enger zu schnallen und mit der so gewonnenen Energie die nächste Stufe der Kernreaktionen zu zünden. Mit denen kommt sie dann wieder ein paar Milliarden Jahre aus, dann kommt die nächste Fastenperiode, und nach weiterem Gesundschrumpfen werden die nächsten Elemente verbraten. Doch einmal ist Schluss, und dies geschieht bei Eisen nicht erst beim Ende des periodischen Systems der Elemente. Nach dem Eisen kann man nämlich durch weitere Kernverschmelzung keine Energie mehr gewinnen, und der Stern kann nur noch den energetischen Bankrott anmelden. Das weitere Geschehen wird vom kosmischen Insolvenzgericht diktiert, und es ist unbarmherzig. Es kennt nur die Todesstrafe. Allerdings werden drei Arten von Begräbnis, je nach Gewicht des Delinquenten, gewährt.

Begräbnis III. Klasse

Das bescheidenste bekommen Sterne, die nur etwa so schwer sind wie die Sonne, aber nicht schwerer. Sie mussten wegen ihrer energetisch aufwändigen Lebensführung schon einige Schrumpfungen über sich ergehen lassen, und sind dann nur so klein wie die Erde, so genannte Weiße Zwerge.

Aber der Gravitationsdruck im Innersten ist noch nicht so übermächtig, und das Plasma, aus dem sie bestehen, kann ihm standhalten. Also entschlummern sie friedlich, sie strahlen ihre restliche Energie ab und werden zum dunklen Zwerg, bis sie ganz erkalten. Sind sie leicht genug, erstarren sie am Ende zum Kristall. Das heißt, die Elektronen bilden einen homogenen Ladungshintergrund, in dem die Kerne zu einem regelmäßigen Gitter angeordnet sind, einem so genannten Wigner-Gitter. Die irdischen Diamanten, die ja auch unter riesigem Druck entstanden, wurden höchstens fingergroß. Da können die kosmischen Essen schon mehr, sie schmieden einen ganzen Stern zu einem Kristall der Größe der Erde, aber mit millionenfacher Masse. Schon ein Fingerring aus einem Kristall dieser Sorte wäre tonnenschwer. Insgesamt wäre so ein Kristall doch ein würdiges Ende für unsere liebe Sonne.

Hinter dem Namen des Gitters steht ein universeller Geist, Eugene Wigner. Ich will von ihm nur eine Schrulle erwähnen, seine scheinbare Höflichkeit. Bei einem Seminar bemerkte er einen Vorzeichenfehler auf der Tafel, es stand + statt −. Aber Wigner wollte den Sprecher nicht zu sehr angreifen und statt zu sagen „das Vorzeichen ist falsch", sagte er nur: „Mir scheint, dieses Vorzeichen ist nicht sehr gut!"

Begräbnis II. Klasse

Ein spektakuläreres Begräbnis wird für Sterne gestattet, die ein bisschen, aber nicht sehr viel schwerer als die Sonne sind. Die waren in ihrem Leben noch etwas verschwenderischer gewesen und weiter innen noch mehr geschrumpft. Dadurch ist der Abstand zwischen den Elektronen von

10^{-10} m nicht wie bei der III. Klasse auf 10^{-12} m, sondern auf 10^{-13} m zusammengestaucht. Dies ist gerade ihre Compton-Wellenlänge, und wir haben schon früher gelernt, dass die Elektronen auf Grund der Quantenmechanik in so einer Zwangslage fast mit Lichtgeschwindigkeit herumzuschwirren beginnen. Dadurch kommt ein Effekt ins Spiel, für den Einstein oder besser seine spezielle Relativitätstheorie verantwortlich ist. Es wird dann das Elektronengerüst weicher, sein Beitrag zur Energie steigt mit seiner Dichte ρ nicht wie $\rho^{5/3}$, sondern nur mehr wie $\rho^{4/3}$ an. Das aber ist dieselbe Potenz von ρ, mit der die Gravitationsenergie negativ wird. Da der positive und der negative Beitrag gleich stark sind, spielt sich keine Gleichgewichtslage mehr ein, sondern einer gewinnt, welcher, hängt von der Größe ihrer Vorfaktoren ab. Bei genügend großen Sternen ist dies immer die Gravitation, und je mehr man ρ vergrößert, also den Stern schrumpft, desto mehr Energie kann man dabei gewinnen. Die Gesamtenergie des Sterns nimmt dabei ab.

Die spannende Geschichte dieser dramatischen Instabilität sei kurz erzählt. Sie scheint zuerst bei I. Frenkel in einer Arbeit über Metallelektronen auf. Sie wurde kurz nach der Entdeckung der Quantenmechanik veröffentlicht. In dem Zusammenhang hat das wohl niemand vermutet, deswegen wurde sie kaum registriert und öfter wiederentdeckt. Etwa von R. Fowler und anderen, anscheinend unabhängig, denn keiner dieser Autoren zitiert seine Vorgänger. Fünf Jahre später leiteten Lev D. Landau und Subrahmanyan Chandrasekhar noch einmal dasselbe Resultat ab. Landau bekam vor seiner Courage Angst, denn er bemerkte, dass nach diesem Kriterium viele Sterne instabil sein müssten, aber sie funkeln noch immer. Also machte er einen Rückzieher. Er borgte sich von Niels Bohr die unselige Idee, dass bei manchen Reaktionen die Energie doch nicht erhalten wäre, und meinte, die energetische Überlegung sei deswegen nicht schlüssig. Chandrasekhar stand mannhaft zu seinem Resultat und wurde dafür vielfach verhöhnt, etwa von so prominenten Leuten wie Eddington. Später bekam er dafür den Nobelpreis, aber das sollte noch lange dauern. Zunächst war ja nur gezeigt worden, dass man Energie gewinnen kann, indem man den Stern immer weiter schrumpft. Aber was macht man mit der vielen Energie, wenn es schon Millionen Jahre dauert, um ein Photon aus dem Stern herauszubekommen?

Gamow erkannte, dass hier wieder die Kernkräfte ins Spiel kommen müssen, aber nicht als Energiespender, sondern als Energieschlucker. Letzteren brauchen wir, man will ja Energie los werden. Er erdachte mit Mario Schoenberg einen solchen Prozess, und sie benannten ihn nach dem brasilianischen Kasino Urca, wo das Geld ebenso im Handumdrehen verschwand. Am einfachsten geht es mit der Reaktion $P + e^- \rightarrow N + \nu$, bei der man zunächst die Massendifferenz N - P bezahlen muss. Dabei gibt es ein Neutrino als Wechselgeld, das ja sekundenschnell den Stern verlassen kann. Übersteigt also die Energie der Elektronen diese Massendifferenz, so können sie in die Protonen kriechen, ein Neutrino sorgt dafür, das der Handel energetisch korrekt ist. Dann verbleiben nur Neutronen und es fehlt das Elektronengerüst, das den Stern gegen seine Gravitation aufrecht hält. Damit sackt der Stern in sich zusammen, die Neutronen fliegen im freien Fall auf das Zentrum zu, und wegen der ungeheuren Schwerkraft verläuft der Sturz in Sekundenschnelle. Dies führt zu der als Supernova bekannten kosmischen Katastrophe, bei der ein Stern mit solcher Brillanz aufleuchtet, dass er seine ganze Galaxis überstrahlt. Dabei werden die Neutronen bei ihrem rasenden Sturz ins Zentrum teils von der entgegenströmenden Neutrinoflut zurückgeworfen, teils fallen sie in den in der Mitte gebildeten Neutronensee und prallen zurück. Die Energien pro Teilchen werden so groß wie bei einer nuklearen Explosion. Dabei explodiert aber nicht nur eine Hand voll Materie, sondern ein ganzer Stern, das ist 10^{31}-mal so viel. So entsteht eine unvorstellbare Hitze, welche die Quelle dieser Leuchtkraft ist. Wenn sich dieses Getümmel gelegt hat, verbleibt ein Neutronenstern, ein Stern nur aus Neutronen, aber mit einer Dichte wie in der Kernmaterie. Er ist dann eine Kugel von etwa 30 km Radius. Durch die allmächtige Schwerkraft ist er wie glatt poliert, vielleicht hat er ein paar Gebirge, aber die sind weniger als 1 mm hoch.

Woher weiß man das, wo doch das infernalische Geschehen durch glühende Gaswolken verhüllt wird? Das signalisiert uns der Neutronenstern, wenn er zum Pulsar wird. Er sendet Lichtbündel aus, und wie oft man diese sieht, zeigt wie bei einem Leuchtturm, wie schnell er sich um seine Achse dreht. Und das geht nicht so behäbig wie bei unserer Sonne zu. Bei dieser kosmischen Pirouette macht sich der Stern ungeheuer klein und dreht sich bis zu 30 Mal pro Sekunde um seine Achse. Er kann daher nicht einmal so groß wie die Erde sein, sonst wäre seine Umfangsgeschwindigkeit größer als die Lichtgeschwindigkeit, und er wäre schon längst von der Zentrifugalkraft zerrissen worden. Aber wie kann man wissen, dass die Neutrinos tatsächlich entweichen? Das sollten unsere Neutrinoaugen schon sehen können, wenn sie nicht gerade schlafen. Tatsächlich flammte vor einigen Jahren eine Supernova auf, und eines war gerade im Dienst. Zur selben Zeit, als man die Supernova aufblitzen sah, registrierte unser Neutrino- auge innerhalb weniger Sekunden 7 Neutrinos, ein ganz ungewöhnliches Ereignis. Also hat Gamow doch den Plan des Kosmos erkannt.

Man wird fragen, wozu dient diese entsetzliche kosmi- sche Hinrichtung eigentlich? Wollte der Herr in seinem Zorn die Hochmütigen vom Thron stoßen und ganz klein machen? Nein, Er wollte uns, die Menschen, zum Leben erwecken, und dafür war Ihm kein Opfer zu groß. Er ist gewaltig, oder sogar gewalttätig? Es geziemt uns nicht, mit Ihm zu hadern, jedenfalls ohne Supernova gäbe es uns nicht. Die für jegliches Leben wichtigen schweren Elemente, eigentlich nur Müll der kosmischen Kernreakto- ren, konnten in der Eile des Urknalls nicht entstehen. Sie wurden erst im Laufe von Milliarden Jahren in der Glut der Sonne gekocht. Gäbe es nur Begräbnisse III. Klas- se, so blieben sie in ihrem Inneren für ewig verschlossen, und kein Bergknappe könnte sie aus dem Sternkristall herausklopfen. In der Supernova wird aber der Stern auf- gesprengt, so wie die Früchte mancher Bäume erst durch den Waldbrand aufbrechen, und dann ihre Samen ver- streuen. So wurde ein Stück Sternschlacke gut geschmort, so dass alle Elemente, die leichter als Eisen sind, heraus- gebraten wurden. Und in den letzten Sekunden wurden sie noch neutronenbestrahlt, so dass sich die Palette der chemischen Elemente vervollständigte, dann schleuderte sie die gigantische Explosion ins All. Nach Millionen von Jahren – oder waren es Milliarden – kam es in eine friedli- che Gegend, gebar unsere Planeten und blühte zu unserer Erde auf.

Begräbnis I. Klasse

Das radikalste Begräbnis ist vorgesehen für Sterne, die noch etwas gewichtiger sind und, sagen wir, mehr als zehnfache Sonnenmasse haben. Es sind dies die verschwenderischsten, die am Himmel am frechsten funkeln, wie etwa Sirius. Aber wehe euch Frevlern, der Gott der Physik ist noch mächtiger als der des Alten Testaments. Ihr sollt von seinem Antlitz verschwinden, er kann nicht nur aus dem Nichts schaffen, er kann auch ins Nichts auflösen!

So schwere Sterne entgehen natürlich dem Schicksal der Supernova nicht, nur ist der so entstehende Neutronenstern zu groß und daher auch nicht stabil. Nicht einmal die Kernmaterie ist dann der Gravitation gewachsen, und alles wird vom unersättlichen Schlund eines schwarzen Lochs aufgesogen. Wir brauchen uns nicht einmal mehr darum zu kümmern, wer die Energie abtransportiert, alles verschwindet in diesem kosmischen Abfalleimer. Und dann wird es das Grab, die unendliche Ruhe des Schwarzschildraums. Aber schließlich sickert sie doch hervor, die Hawking-Strahlung. Durch Milliarden von Jahren tröpfelt sie nur, aber langsam zehrt sie die Masse des Schwarzen Lochs auf, bis zum Schluss nach einem grandiosen Feuerwerk alles verlischt.

Wozu war dies alles gut? Manche Physiker haben das Märlein weitergesponnen und meinen, ein Universum ist umso fruchtbarer, je mehr Schwarze Löcher es zeugt. Ich komme darauf zurück, will aber hier abbrechen, wir haben schon genug in Romantik geschwelgt.

4.4 Die Moral von der Geschicht

Das Leben der Sterne folgt anderen Prinzipien als unseres,
aber auch sie sind sehr raffiniert.

Die Sternlein, vom Sonnengott Ra bis zum kleinsten Fünkchen am blauen Himmelszelt, haben sich als höchst komplexe Wesen offenbart. Sie haben eine interessante Geburt,
ein langes Leben und jedes sein eigenes Schicksal und seinen eigenen Tod.

Sie leben von den drei uns bekannten Kräften: Der
elektroschwachen, welche elektrische, magnetische Erscheinungen und den β-Zerfall bewirkt; den starken Kräften,
die Teilchen und Atomkerne zusammenschnüren, und der
Gravitation. Damit Sterne gedeihen, müssen diese Kräfte
aufs Feinste abgestimmt sein.

Die elektrostatische Kraft darf nicht zu stark sein, sonst
würden sich die Wasserstoffkerne kraftig abstoßen und
könnten nicht verschmelzen.

Aber zu schwach darf sie auch nicht sein, sonst würden schon bei zu kleinen Massen die Atome zermalmt
und Sterne bekämen nicht die richtige Hitze für unsere
Alchimistenküche, um Elemente zu braten.

Manchmal ist größte Genauigkeit gefragt, wie etwa bei
der ^{8}Be $= \alpha + \alpha$ Lücke in der Steigleiter der chemischen
Elemente (wir verwenden jetzt wieder die übliche Bezeich-
nungen: α = Atomkern von Helium, Be = Atomkern von
Beryllium, C = Atomkern von Kohlenstoff).

Wie gesagt, zwei Heliumkerne halten nicht für ewig
zusammen, aber bei einer gewissen Energie doch ein wenig.
Dann muss schnell noch ein drittes zur Stelle sein, damit
man ^{12}C $= \alpha + \alpha + \alpha$ basteln kann, aber sehr behutsam und

nur keine zu große elektrostatische Abstoßung zwischen den α, sonst geht es gar nicht! Parametrisiert man das Geschehen, so findet man nur ein kleines Fensterlein in dem Parameterraum, durch das man ins gelobte Land der schweren Elemente schlüpfen kann.

Für unser Gedeihen ist dabei alles bestens vorbereitet. Die ^{8}Be-Lücke hat ja den Sinn, dass der Aufstieg zu den schweren Elementen nicht zu schnell geht und noch alles gut durchschmoren kann und genügend ^{12}C entsteht. Dafür ist auch wichtig, dass nicht noch einmal dasselbe geschieht und ^{12}C und α so aneinander haften, dass der Aufstieg zu ^{16}O zu rasant fortschreitet. Zuviel Sauerstoff können wir für die Entstehung des Lebens ja nicht brauchen, er ist zunächst nur Abfallprodukt und erst später wurden wir danach süchtig.

Aber jetzt habe ich mich dabei ertappt, dass ich den Bauplan des Alls lese wie ein Gourmet ein Kochrezept und es nach meinem Gusto bewerte.

Doch fahren wir fort: Damit der Urca-Prozess zündet, muss die Energie der Elektronen, die sich der Lichtgeschwindigkeit nähern, auf die N-P-Massendifferenz abgestimmt sein; die schwachen Wechselwirkungen, die $e^- + P \rightarrow N + \nu$ vermitteln, dürfen nicht zu schwach sein, damit das schnell verläuft, aber auch nicht zu stark, damit die ν glatt aus dem Stern entweichen. Aber dann doch wieder stark genug, dass die hinausflutenden Neutrinos die herunterstürzenden Neutronen mitreißen können. Ferner muss die Entwicklungszeit der Sterne, einige Milliarden Jahre, sowohl auf die Entwicklungsdauer des Kosmos, als auch auf die ebenso große biologische Entwicklungszeit, abgestimmt sein. Die Wunschliste will kein Ende nehmen, und alles wird gewährt, fülle sie auch noch so dicke Bücher.

Und all dieser gigantische Planungsaufwand, damit du und ich, winzige Kreaturen, auf einem kosmischen Stäubchen, genannt Erde, leben können? Nichts scheint dem lieben Gott für die Krönchen seiner Schöpfung zu teuer zu sein.

5 Was Newton über unser Planetensystem erahnte

5.1 Unsere Planeten-Familie

Auch über den kleinen Krümeln um die Sonne, den Planeten, waltet ein gütiger Zufall.

Die Familiengeschichte unseres Sonnensystems, der Mutter Sonne und ihren neun Küchlein, den Planeten, ist lang, 4.5 Milliarden Jahre. Sie ist erstaunlich friedfertig verlaufen. Unser Verständnis dafür, wieso dieses Uhrwerk so gut läuft, hat über die abenteuerlichsten Wege geführt. Unserer Sonne, der prominentesten Erscheinung am Himmel, wurde stets göttliche Verehrung zuteil, aber die Planeten sind dagegen doch nur Lichtpünktchen am Nachthimmel wie Millionen andere Sterne. Es zeugt von der genauen Beobachtungsgabe der Menschen des Altertums, dass sie herausgefunden haben, dass die Planeten anders sind. In einer Nacht sieht man zunächst nur, dass sich die ganze Sternenpracht ein halbes Mal starr um eine Achse durch den Polarstern dreht. Über längere Zeit gesehen, wechseln die Planeten aber ihre Plätze. Ganz auffallend ist die Venus, die ein Mal als Abendstern, ein anderes Mal als Morgenstern erscheint. Das hat zu Befürchtungen Anlass gegeben: Wenn man so quer durch das Meer der Fixsterne wandert, muss die Gefahr eines Zusammenstosses recht groß sein; über die Abstandsverhältnisse wusste man ja nichts. Es musste also eine himmlische Verkehrsregelung am Werk sein. Im Mittelalter schien für diesen himmlischen Job niemand anderer als die Engel in Frage zu kommen, also nahm man an, die Engel würden die Planeten auf ihrer Bahn leiten. Sogar Newton, der die Gesetze für die Bewegung der Planeten gefunden hatte, meinte, sie wären nicht ausreichend, um auf Dauer für Ordnung zu sorgen. Gott selbst müsste gelegentlich das System wieder zurecht rücken. Aber in dem von ihm geschaffenen mathematischen Schema war für das Zurechtrücken kein Platz, und als Napoleon den Mathematiker Pierre Simon Marquis de Laplace fragte, wo in seinem System der liebe Gott sei, gab er die berühmte Antwort: „Diese Hypothese brauche ich nicht." Allerdings, ob nicht doch einmal eine Katastrophe eintritt, sei es, dass zwei Planeten zusammenstoßen, sei es, dass einer in die Sonne stürzt oder gar aus dem Sonnensystem geschleudert wird, ist nicht so einfach zu beweisen. Daher hat es dann dauernd Beweise der Stabilität des Planetensystems und Nachweise, dass die Beweise doch nicht schlüssig seien, gegeben. Schließlich wurde es König Oscar II. von Schweden, der wissenschaftlich interessiert war, zu bunt. Er setzte einen beträchtlichen Preis aus für den, der die Stabilität des Sonnensystems einwandfrei nachweisen könne. Dies rief die besten Mathematiker vom Ende des 19. Jahrhunderts auf den Plan, und viele Erfolge wurden angemeldet. Schließlich prämierte die Jury die Arbeit des berühmten französischen Gelehrten Henry Poincaré. Sein schwedischer Kollege Magnus Gösta Mittag-Leffler hatte gerade die auch heute noch renommierte Zeitschrift Acta Mathematica gegründet und wollte das erste Heft mit der so berühmten Arbeit Poincarés schmücken. Alles schien eitel Wonne, doch dann kam der Schicksalsschlag. Poincaré fand einen faulen Schritt in seinem Gedankengang, sein Beweis war doch nicht schlüssig, war kein Beweis. Er telegraphierte sofort an Mittag-Leffler und wollte die Arbeit zurückziehen. Aber es war schon alles gedruckt; Poincaré musste das erste Heft der Acta Mathematica einstampfen lassen. Natürlich auf seine Kosten, doch die waren so hoch, dass sie mehr als sein ganzes Preisgeld verschlangen. Letztendlich hat aber Poincaré doch gewonnen, er hat seine dabei erzielten Einsichten in einem Buch über die neuen Methoden der Mechanik veröffentlicht. Das war nicht nur eine Methode, sondern hat sogar unsere Art des Denkens über diesen Gegenstand geprägt.

Der von Poincaré versuchte Beweis ist ein paar Jahre später dem schwedischen Mathematiker Karl Sundman für das Drei-Körper-Problem, Sonne + 2 Planeten, tatsächlich gelungen. Er konnte zeigen, dass die Newton'schen Gleichungen für fast alle Anfangsbedingungen die Bewegung für alle Zeiten festlegen. Doch ist man dadurch keinesfalls sicher, dass nie eine Katastrophe eintreten wird. Aus Sundmans Beweis folgt nicht, dass es keinen Zusammenstoß zwischen zwei Körpern geben wird, er konnte nur eine andere Variable statt der Zeit finden, durch die man mathematisch verfolgen kann, wie die Bewegung durch den Zusammenstoß hindurch verläuft. Er konnte auch nicht ausschließen, dass einer der beiden Planeten aus dem Sonnensystem geschleudert wird; dies dürfte sogar das typische Geschehen sein. Somit ist die Frage nach der Stabilität des Planetensystems nie verstummt, bis sie sich letztendlich nicht nur als unbeantwortbar, sondern sogar als gegenstandslos erwiesen hat. Von Jacques Laskar konnte die schon eingangs erwähnte Liapunov-Zeit, nach der das Geschehen so sensitiv von den Anfangsbedingungen abhängt, dass es unberechenbar wird, bei zehn Millionen Jahren angegeben werden. Was nachher geschieht, hängt derartig empfindlich vom Anfang ab, dass die Aussagen wertlos werden.

Eine solche Zeit hätte schon Kepler mit folgendem Argument angeben können: Wenn der Abstand einer Bahn zur Sonne um 10^{-7} von unserem Abstand abweicht, dann differiert nach seinem dritten Gesetz ihre Umlaufsdauer auch um etwa 10^{-7} von unserer. Nach 10^{7} Jahren ist so eine Bahn auf die zu uns gegenüberliegenden Seite der Sonne gedriftet. Also schwillt in dieser Zeit eine Unsicherheit der Anfangsposition von $10^{-7} \times$ Sonnenabstand = 15 km zu 3×10^{8} m, dem Durchmesser der Erdbahn, an. Nun sind 15 km etwa die Abweichungen der Erde von der Kugelgestalt. Eine viel genauere Angabe des Anfangsortes in den Newton'schen Gleichungen scheint nicht sinnvoll zu sein, denn bei Steigerung der Genauigkeit beeinflussen immer mehr feinere Effekte die Bewegung. Die Zuverlässigkeit von Voraussagen aus den Newton'schen Gleichungen für Zeiten länger als 10^{7} Jahre ist fraglich. Dies wird aber erst zum Problem, seit man weiß, dass das Planetensystem älter als 10^{9} Jahre ist.

Es gibt wohl spezielle Bahnen, für die in alle Ewigkeit kein Unheil eintritt, aber dicht bei einer solchen Bahn kann letztlich doch eines geschehen. Man muss also die Frage umformulieren: Gibt es solche Konfigurationen der Planeten, dass wir sicher sind, auch bei kleinen Verrückungen der Anfangswerte wenigstens für 4.5×10^{9} Jahre vom Unheil verschont zu bleiben? So etwas scheint es tatsächlich zu geben. Wenn man mich fragt, warum die Erde seit Milliarden Jahren annähernd denselben Abstand von der Sonne behält und so die nötige Stabilität des Klimas ge-

nießt, um Leben zu entwickeln, dann muss ich mit meiner
Antwort zum Anfang zurückkehren: Offenbar hatte die
Erde einen guten Schutzengel, und der hat unser Planetensystem in eine stabile Region geleitet. Allerdings dürften
diese Konfigurationen nur einsame Inseln im Meer der
Zustände sein. Dass auch Planetensysteme anderer Sterne
über Milliarden von Jahren ein freundliches Klima haben,
erscheint durchaus fragwürdig.

5.2 Die Keplerbahnen

*Die Berechnung der Planetenbahnen durch Newton war
der erste Triumph der theoretischen Physik.*

„Und sie bewegt sich doch" soll er gesagt haben, der Galileo Galilei, nachdem er wegen Häresie verurteilt worden
war. Seine Erkenntnisse haben den Grundstein für unsere
heutige Physik gelegt, und somit das naturwissenschaftli-
che Zeitalter eingeleitet. Es hat fast 400 Jahre gedauert,
bis sein Prozess wieder aufgenommen und er rehabilitiert
wurde. Dennoch war der revolutionäre Satz eigentlich
inhaltsleer, Galilei wurde nur durch religiöse Vorurteile
verdammt. Erst heute vermögen wir dem „bewegt sich"
einen eindeutigen Sinn zu geben, und zwar auf eine unerwartete Weise.

Zunächst können wir nur relative Bewegungen wahrnehmen, also wenn sich Abstände verändern. Bewegt sich
alles gleichförmig, so ändert sich nichts, und wir bemerken
auch nichts von der Bewegung. Schon Galilei hat erkannt,
dass ein Körper im Zustand gleichmäßiger Bewegung ver-
harrt, wenn auf ihn keine Kräfte wirken. Auch die Kräfte
seiner Teile untereinander sind im bewegten und ruhenden

Zustand gleich. So kommt es, dass wir uns im fahrenden Zug genauso wohl fühlen wie im ruhenden, natürlich vorausgesetzt, der Unterbau der Schienen ermöglicht eine gleichförmige Geschwindigkeit, ohne zu rucken. Dass wir so eine absolute Bewegung nicht wahrnehmen können, ist das Kernstück von Einsteins spezieller Relativitätstheorie. Einsteins Gegner haben das Wort Relativität zu Gesinnungslosigkeit umgemünzt, und doch diente seine Theorie nur dazu, das Absolute herauszuarbeiten. Absolut ist eine Lieblingsphrase der Philosophen, doch hier bekommt sie einen wohldefinierten Sinn: Das Absolute ist unabhängig davon, ob man es von einem ruhenden oder von einem gleichförmig bewegten Bezugssystem aus betrachtet.

Gleichförmige Bewegung hat keinen absoluten Sinn, Rotation aber schon. Jedermann hat erlebt, dass man sich auf einem drehenden Sessel anders fühlt als auf einem ruhenden, man spürt die Zentrifugalkraft. Das soll nicht heißen, dass wir unsere Erfahrungen nicht von einem rotierenden System aus beschreiben dürfen, wir müssen nur Trägheitskräfte wie die Zentrifugalkraft mit einkalkulieren. Vielfach sind sie so schwach, dass es erlaubt ist, sie zu vergessen. Etwa für den Hausgebrauch können wir so tun, als würde die Erde nicht rotieren. Wir dürfen unser erdfestes Bezugssystem verwenden und sagen „Die Sonne ist aufgegangen". Man muss nicht pedantisch formulieren „Die Erde hat sich ein Stückchen weiter gedreht, so dass wir die Sonne jetzt sehen können". Das soll nicht heißen, dass die Erddrehung unmessbar wäre, sie wird durch das Foucaultsche Pendel demonstriert. Wie es funktioniert, wird am klarsten, wenn wir ein perfekt aufgehängtes Pendel genau am Nordpol anbringen (was Foucault nicht konnte). Betrachten wir die Bewegung von einem Bezugssystem aus, in dem die Fixsterne ruhen, die Erde sich also dreht, so behält das Pendel seine Schwingungsrichtung bei. Von der Erde aus gesehen rotiert dann die Schwingungsebene in 24 Stunden genau um 360°. Natürlich kann ich diese Bewegung auch in unserem erdfesten System betrachten, nur muss ich dann eine Trägheitskraft (in dem Fall heißt sie Corioliskraft) ins Kalkül ziehen. Sie bewirkt dann die Rotation der Schwingungsebene. Hätte Galilei gesagt: „Sie rotiert doch!" hätte er der Inquisition seine Behauptung im Prinzip beweisen können. Aber Bewegung überhaupt hat zunächst keinen Sinn, auch dass die Sonne ruht, stimmt nicht: Unsere Milchstraße ist ein Spiralnebel, und wir stecken in einem Spiralarm, der um das Zentrum schon zehn Mal rotiert ist. Sogar dass unsere Milchstrasse ruht, kann bestritten werden. Durch die Expansion des Universums entfernen sich die Galaxien voneinander, nur jede meint, es sind die anderen, die sich entfernen.

Absolute Bewegung könnten wir definieren, hätten wir im Raum etwas Festes, das uns einen Anhalt gäbe, an dem wir die Geschwindigkeit zu messen vermögen. So etwas scheint zunächst zu fehlen. Doch hier geschieht das Unerwartete. Die kosmische Hintergrundstrahlung erlaubt uns eine absolute Bewegung zu definieren. Sie ist zwar nichts Festes, eher so etwas wie Treibsand, doch mit Hilfe des Dopplereffekts kann man messen, ob wir uns gegenüber der Hintergrundstrahlung fortbewegen. Bewegen wir uns auf sie zu, erscheint uns ihre Frequenz größer, bewegen wir uns von ihr weg, so nimmt sie ab. Dadurch können wir unsere Bewegung, gemessen an diesem kosmischen Standard, direkt demonstrieren. Sowohl weil die Erde sich um die eigene Achse dreht, als auch da sie um die Sonne kreist, ändern wir auf der Erdoberfläche stets unsere

Geschwindigkeit gegenüber der Hintergrundstrahlung. Dabei treten Geschwindigkeiten der Größenordnung $10^{-4} \times$ Lichtgeschwindigkeit auf. Dies ist heute messbar, die Genauigkeit der Frequenzmessung der Hintergrundstrahlung liegt bei 10^{-5} der Frequenz. Mit der Technologie unserer Zeit könnte man sich vielleicht mit der Inquisition über einen absoluten Sinn der Aussage „sie bewegt sich doch" einigen und Galileis Vergehen objektivieren.

Wer kennt nicht die schöne Legende, wie der junge Newton die Vision hatte, die seither unser Verständnis von der Dynamik des Universums beherrscht: Er erkannte die Universalität der Gravitation. Auch bei unseren bisherigen Betrachtungen war sie schon entscheidend. Newton soll müßig unter einem Apfelbaum gelegen sein und den Mond über sich betrachtet haben. Da fiel ihm ein Apfel auf den Kopf und löste den zündenden Gedanken aus: Die Kraft, die den Mond in seiner Bahn um die Erde fesselt, muss dieselbe sein, die ihm den Apfel auf den Kopf geworfen hat. Ob die Geschichte stimmt, wissen wir nicht, aber wenn erfunden, dann ist sie gut erfunden. Veröffentlicht hat Newton seine Ideen erst als 44-jähriger 1687 in seinem Werk „Philosophiae Naturalis Principia Mathematica". Darin werden die Grundgesetze der Bewegung von Massenpunkten festgelegt. Auch Sterne wurden als Punkte betrachtet, Newtons Gesetze gelten seither in der Himmelsmechanik. Erst Jahrhunderte später wurden sie von Einstein etwas verfeinert. Um das Uhrwerk unseres Planetensystems zu verstehen, brauchen wir Newtons erstes Gesetz,

$$\text{Kraft} = \text{Masse} \times \text{Beschleunigung}$$

In Buchstaben:

$$K = M \times B \quad (F = m \times a \quad \text{auf Englisch}). \quad \text{(I)}$$

Folgendes Gesetz präzisiert die Schwerkraft zwischen zwei Körpern:

Gravitationskraft $= G \quad \times \quad$ Masse des ersten Körpers

$$\times \quad \frac{\text{Masse des zweiten Körpers}}{(\text{Abstand})^2},$$

in Buchstaben:

$$K = G \times M_1 \times M_2 / R^2 . \quad \text{(II)}$$

G in (II) ist die von uns schon verwendete Gravitationskonstante und nicht a priori bekannt.

Newtons Vision war: G ist wie im Himmel also auch auf Erden, für den Mond dasselbe G wie für den Apfel. Um das zu überprüfen, brauchen wir die Massen von Erde, Mond und Apfel und die Abstände Erde-Apfel, Erde-Mond. Wieso Newton dies alles wusste, obgleich er die Größenordnungen nicht so parat haben konnte wie ich, ist mir nicht ganz klar (Er war eben „der Newton").

Ich will hier für die Universalität von G einen Test des kleinen Mannes versuchen. Der Gedanke dabei ist immer folgender: Es muss sich die Zentrifugalkraft der Kreisbewegung mit der Zentripetalkraft der Gravitation die Waage halten.

Zunächst bemerken wir, dass sich im ersten Gesetz, bei Gravitationskräften, die Masse des beschleunigten Körpers herauskürzt:

$$GM_1 \times B = GM_1 \times M_2 / R^2 \quad \text{besagt} \quad B = M_2 / R^2 .$$

Dies ist genau, was Galilei am schiefen Turm von Pisa getestet hat, als er verschieden schwere Körper hinunterplumpsen ließ. Für uns hat diese Kürzung den Vorteil, dass wir uns über Apfelsorten und Mondmasse nicht den Kopf zerbrechen müssen. Wir können also jeden Apfel verwenden, um die Beschleunigung durch die Schwerkraft der Erde zu kalibrieren. Die Erdbeschleunigung ist gerade die Geschwindigkeit, die irgendein Körper in der Zeiteinheit erhält, wenn man ihn auf der Erdoberfläche frei fallen lässt. Nach dem Newton'schen Gesetz (I) ist die Beschleunigung gerade die Kraft, die auf die Einheitsmasse wirkt, und die ist nach (II):

$$G \times \text{Masse der Erde}/(\text{Radius der Erde})^2.$$

Mit einer guten Stoppuhr (ich weiß nicht, wie gut die von Newton war) findet man bei jedem frei fallenden Körper nach einer Sekunde eine Geschwindigkeit von etwa 10 m/s. Also ist die Beschleunigung durch die Gravitation der Erde auf ihrer Oberfläche in unseren Einheiten schlicht und einfach 10. Die Schwerkraft der Erde ist am Mond nach (II) um $(\text{Erdradius}/\text{Mondabstand})^2$ geschrumpft, und dieser Faktor ist etwa 10^{-4}. Aber wie groß ist die Beschleunigung des Mondes, wenn er die Erde umkreist? Um dies heraus zu finden, brauchen wir die Änderung der Mondgeschwindigkeit pro Zeiteinheit. In einer Woche legt der Mond eine Strecke von etwa einem Abstand Mond-Erde zurück, so dass der Betrag seiner Geschwindigkeit angenähert Mondabstand/Woche ist. Im Laufe von zwei Wochen hat er bei seiner Drehung um die Erde seine Geschwindigkeit umgedreht. Ich würde also das Kompromissangebot: Mondbeschleunigung = $\text{Mondabstand}/(\text{Woche})^2$

machen. Für unseren Test müssen wir diese Größen nun auf unsere Einheiten m und s umrechnen. Den Mondabstand kennt man heute auf Zentimeter genau durch die Laufzeit eines von der Mondoberfläche reflektierten Laserstrahls, aber so genau wollen wir nicht sein. Das Licht braucht zum Mond etwa eine Sekunde, also ist in unseren Einheiten:

$$\text{Mondabstand} = \text{Geschwindigkeit des Lichts} \times$$
$$\times \text{ seiner Flugzeit} \sim 10^{8.5}\text{m}.$$

Nun ist eine Woche = 7 Tage $\sim 10^{5.75}$ s. Daher ist die Beschleunigung des Mondes auf seiner Bahn (in m/s^2):

$$\text{Mondabstand}/(\text{Woche})^2 = 10^{8.5}/(10^{5.75})^2 =$$
$$= 10^{8.5-11.5} = 10^{-3} = 10 \times 10^{-4}.$$

Das ist aber der Zahlwert der Gravitationskraft der Erde auf ihrer Oberfläche, reduziert um das Verhältnis der Abstände zum Erdmittelpunkt zum Quadrat, also nach (II) genau die Kraft, durch welche die Erde den Mond an sich fesselt. Natürlich habe ich die Zahlen ein bisschen zurechtgebogen, damit die Gleichung gerade aufgeht. Für einen genaueren Test müssten wir erst Differentialrechnung lernen, aber für die Extrapolation Himmel – Erde ist das Resultat schon ganz gut.

Newtons Vision war ein Scheideweg in der menschlichen Geistesgeschichte, sie schreit danach, weitergeträumt zu werden. Könnten wir nicht den Schluss vom Apfel zum Mond fortsetzen, vom Mond bis zur Sonne, von der Sonne weiter bis in Mitte der Milchstraße? Schwer sollte es ja nicht gehen, der Gedankengang bleibt gleich, nur die Zehnerpotenzen schwellen etwas an. Aber dürfen wir Menschlein uns vermessen zu diktieren, wie sich die himmlischen Körper in den Weiten des Alls zu bewegen haben? Jetzt sind wir noch von der Rechnung mit dem Mond zu erschöpft, aber in Anhang H wollen wir es wagen, und es gelingt! Die Schwerkraft der Sonne hält gerade der Zentrifugalkraft der Erdbahn die Waage. Auch in der Milchstraße fesselt die Gravitation des Zentrums die Spiralarme, so dass sie nicht entfliehen. Doch muss im Weltall noch eine dunkle Materie lauern, von der wir nur sehen wie sie die anderen Sterne durch ihre Schwerkraft bewegt.

Wir können unsere Schlüsse auf eine etwas solidere Basis stellen, indem wir die Situation in einem mitrotierendem Bezugssystem betrachten. Etwa bei der Planetenbewegung steht dann die Erde still, denn ihr Abstand zur Sonne ändert sich im Laufe des Jahres nur um wenige Prozent. Im rotierenden System spürt man eine Zentrifugalkraft, und die muss genau die Gravitationsanziehung aufheben. Erstere ist Abstand / $(\text{Umlaufzeit})^2$, so dass wir, wenn wir die Kompensation der Kräfte überprüfen, wieder dieselben Gleichheiten wie zuvor bekommen:

$$\text{Abstand}/(\text{Umlaufzeit})^2 = G \times \text{Sonnenmasse}/(\text{Abstand})^2 .$$

Diese Bedingung wollen wir noch etwas umformen, damit sie eine leicht verständliche, universelle Aussage wird. Wenn wir mit $(\text{Abstand})^2$ und $(\text{Umlaufzeit})^2$ multiplizieren, kürzen sich die Nenner weg:

$$G \times \text{Sonnenmasse} \times (\text{Umlaufzeit})^2 = (\text{Abstand})^3 .$$

Oder für die Umlaufszeit aufgelöst, besagt dies:

$$\text{Umlaufzeit} = \gamma(\text{Abstand})^{3/2}. \qquad (\text{III})$$

Hier ist

$$\gamma = (G \times \text{Sonnenmasse})^{-1/2}$$

für alle Planeten gleich und (III) ist das so genannte dritte Keplersche Gesetz. Es bedingt, dass die äußeren Planeten die langsameren sind, denn ihre Geschwindigkeit $\sim$ Abstand/Umlaufzeit $\sim$ (Abstand)$^{-1/2}$.

Denksportaufgabe

Mit seinem III. Gesetz hätte Kepler die Umlaufszeit des Sputniks um die Erde berechnen können. Schätze sie ab.

Hinweis: Erdradius = 6000 km, Abstand Erde-Mond = 380.000 km

Lösung: Nach Kepler (III) ist die Umlaufszeit des Sputniks

$$\text{Umlaufszeit des Mondes} \times (\text{Erdradius/Abstand Erde-Mond})^{3/2}.$$

Jetzt schummeln wir ein wenig und sagen, obige Klammer ( ) = 6.000 km / 380.000 km = 6/384 = 1/64, denn dann tun wir uns beim Wurzelziehen leichter, ( )$^{1/2}$ = 1/8, und ( )$^{3/2}$ = 1/512, was wir zu 1/500 runden. Rechnen wir die Umlaufszeit des Mondes auch etwas großzügig zu 30 Tage à 25

Stunden, so wird das 750 Stunden, und der Sputnik braucht 750/500 Stunden = $(1 + \frac{1}{2})$ Stunden.

Wir haben großzügig gerechnet, denn der Sputnik flog ja auch nicht haarscharf an der Erdoberfläche entlang (er hat sogar ein paar Minuten weniger gebraucht). Aber es ist doch hübsch, dass wir so ohne höhere Mathematik und Computer im Weltraum herumkutschieren können.

Diese Zeit von etwas mehr als einer Stunde hat übrigens eine universelle Bedeutung. Drückt man in Kepler (III) die Masse eines anziehenden Körpers mit Radius R durch seine Dichte ρ aus, $M \sim \rho R^3$, dann sieht man, dass bei anschmiegender Umrundung die Umlaufzeit um alle Körper gleicher Dichte, aber mit verschiedenen R, dieselbe ist. Die Gleichung schreibt sich

$$G \times (\rho R^3) \times (\text{Umlaufszeit})^2 = R^3 \, ,$$

also gilt für jedes R:

$$\text{Umlaufzeit} = (G \times \rho)^{-1/2} \, .$$

So wären also die praktischen Auswirkungen der Universalität der Schwerkraft:

a) Bei einem superlangsamen Walzer, mit über einer Stunde Umdrehungsdauer, muss man seine angeschmiegte Partnerin gar nicht halten, das macht schon die Gravitation.

b) Der kleine Prinz von Saint-Exupéry darf sich ein wenig, aber nicht sehr schnell, bewegen. Sagen wir, sein kleiner Asteroid hätte den typischen Durchmesser von 1 km, also etwa 3 km Umfang und wäre aus demselben Material wie die Erde. Dann würde die streifende Umlaufbahn wieder etwa eineinhalb Stunden dauern. Der kleine Prinz dürfte also bei seinem Abendrundgang um den Asteroid nur 2 km/h schlendern, um den Boden unter den Füßen nicht zu verlieren.

Wem diese Wurzeln von ( ) in (III) unsympathisch sind und er gerade noch $(100)^{1/2} = 10$ an Schwierigkeit tolerieren kann, für den ist (III) in unserem Planetensystem durch den innersten Planet, Merkur, und den äußersten, Pluto, schön illustriert. Ihre Abstände von der Sonne verhalten sich wie 1:100 und ihre Umlaufzeiten wie 1:1000. (III) verlangt

$$
\begin{aligned}
1000 &= \text{Umlaufzeit Pluto/Umlaufzeit Merkur} \\
&= \left(\frac{\text{Sonnenabstand Pluto}}{\text{Sonnenabstand Merkur}} \right)^{3/2} \\
&= (100)^{3/2} = 10^3 = 1000,
\end{aligned}
$$

und das stimmt genau.

Auch in seiner universellen Form ist Kepler (III) in unserem Planetensystem schön illustriert. Es gibt so genannte Doppelasteroiden, das sind zwei Felsbrocken von kaum einem Kilometer Durchmesser, die sich fast streifend umrunden. Man beobachtet bei ihnen tatsächlich eine Umlaufszeit von etwa eineinhalb Stunden. Apropos Pluto, zum Schluss noch etwas planetarischen Familientratsch über die Eskapaden unseres jüngsten Geschwisterchens. Seine größeren und schon etwas altklugen Brüder wissen da allerlei Erschreckendes und Amüsantes zu berichten.

Neptun: Jemand sollte unserem kleinsten Bruder schon Manieren beibringen; eine Bahn, die um 30% von der eines Kreises abweicht, schickt sich einfach nicht.

Uranus: Um ein paar Prozent sind ja die Bahnen von uns allen elliptisch, und es hatte Kepler schon die größten Schwulitäten, als er in seinem ersten Gesetz postulierte, dass alle Planetenbahnen Ellipsen sind.

Neptun: Ein Kreis ist sicher perfekter als eine Ellipse, und die Kreisbewegung war den Menschen vielleicht so lieb geworden, weil die Fixsterne in der Nacht so schöne Kreise drehen.

Uranus: Aber die Menschen hätten wenigstens aus den Gleichungen von Newton herauslesen können, dass sich zwar nicht die Orte, aber die Geschwindigkeiten der Planeten auf perfekten Kreisen bewegen. Dann hätten sie also doch Kreise bekommen.

Neptun: Das gilt übrigens nicht nur für Planeten, sondern auch für Kometen. Aber nur bei Kreisbahnen ist der Geschwindigkeitskreis um den Nullpunkt im Geschwindigkeitsraum zentriert.

Uranus: Mit solchen kosmischen Vagabunden auf eine Stufe gestellt zu werden, hätte die Eitelkeit der Menschen verletzt. Es war schon gut, dass Kepler da den Mund gehalten hat.

Neptun: Da haben etliche den Mund gehalten, denn das mit den Geschwindigkeitskreisen ist vielfach unbekannt.

Uranus: Ich habe das bei einem gewissen Feynman gelesen, aber über dieses Manuskript gab es Streit unter den Erben, und diese Vorlesung ist dann verloren gegangen.

Neptun: Ich habe das in einem Buch über mathematische Physik gesehen, doch da ist es so unter mathematischem Krimskrams versteckt, dass unser Geheimnis gewahrt bleiben dürfte.

Uranus: Schon gut so, denn die Reaktionen mancher Fanatiker sind ja nicht vorauszusehen.

Neptun: Aber auch wenn er nur Geschwindigkeitskreise dreht, stört es mich, dass dieser Ausreißer Pluto mir immer wieder zwischen die Beine läuft.

Uranus: Du meinst, er schneidet deine Bahn.

Neptun: Genau. Nur bisher war ich nie gerade zur Stelle, als er über meine Geleise fuhr. Aber früher oder später muss dieses unvorsichtige Verhalten zur Katastrophe führen.

Uranus: Also ein Zusammenstoss?

Neptun: Dann würde dieser Winzling halt in meinem Leib versinken und wir wären nur mehr acht Geschwister.

Uranus: Aber auch bei einem Fastzusammenstoß würde er so aus der Bahn geworfen, dass er entweder aus unserem Planetenverbund ins All geschleudert wird oder Richtung Sonne fliegt und anderen Brüdern in die Quere kommt.

Neptun: Nicht auszudenken, was so ein Fratz alles anrichten könnte. Man muss ja nicht gleich an das Schlimmste, einen Zusammenstoß, denken. Auch wenn er der Erde nur zu nahe käme, würden durch die Gezeitenkräfte die Kontinentalplatten der Erde so durcheinandergerüttelt, dass ihr Antlitz entstellt wäre.

Uranus: So wurde wohl früher durch einen wilden Planeten der Mond aus der Erde gerissen, muss eine fürchterlich Katastrophe gewesen sein.

Neptun: Aber dann wandelte sie sich zum Segen. Der Mond stabilisiert ja die Erdachse, ohne ihn würden die geographischen Pole auf der Erdoberfläche herumstreunen.

Uranus: So wilde Planeten gab es früher sicher massenhaft, erst langsam wurden diese Störenfriede eliminiert, und unser Planetensystem wurde zur Oase des Friedens.

Neptun: Endlich kommt sich niemand mehr in die Quere, aber unser Boot ist gerade voll. Noch eine Planetenbahn könnte man nicht mehr hineinzwängen. Der Weg dazu war wie eine biologische Evolution, rein darwinistisch. Nur bei uns überlebt der Friedfertigste.

Uranus: Und da dachten die Menschen, unsere Familie wäre so etwas wie ein Uhrwerk, das eine höhere Vorsehung genau so eingestellt hat, dass wir eine Leben spendende Schwester, die Erde, bekommen konnten.

Aber diese allmächtige Einmischung brauchen wir gar nicht, die Evolution ging ganz zwangsläufig.

Neptun: Aber vielleicht liegt dem doch ein Plan zugrunde. Die Zeit, die nötig war, um bei uns Ordnung zu stiften, muss ja mit der biologischen Evolutionszeit abgestimmt sein, damit Leben entstehen kann.

Uranus: Letztere ist mir egal, die anderen sollen sich nach uns richten.

Neptun: Diese „wir sind wir"-Einstellung könnten wir uns nicht leisten, wenn das Universum wieder zusammenbräche, bevor bei uns Ordnung herrscht. Alle diese Entwicklungen müssen etwa Milliarden Jahre dauern. Aber kehren wir zur Gegenwart zurück. Jetzt kann nur mehr der Pluto Unruhe stiften.

Uranus: Nun, so bald kann eine Katastrophe nicht geschehen. Aber vor nicht langer Zeit hat dieser Schlingel all die rechtschaffenen Astronomen zum Narren gehalten.

Neptun: Wieso das?

Uranus: Du weißt doch, als die Astronomen noch nicht so gut sehen konnten, haben sie auf unsere Existenz nur geschlossen, weil wir die Bahnen der Geschwister etwas stören. Und so hat ein Herr Percival Lowell aus Unebenheiten unserer Bahn berechnet, wo da noch ein Störenfried stecken muss. Und genau da haben die Astronomen hingeschaut und Pluto entdeckt.

Neptun: Dass ich nicht lache; der hat doch nur Eintausendstel unserer Masse, und so etwas soll unsere Bahnen stören.

Uranus: Das hat man ja zunächst nicht gewusst. Erst im Laufe der Zeit erschien der Pluto immer schmächtiger und so hat sich der Triumph der Astronomie zur Blamage gewandelt. Man hatte bei der Rechnung für Pluto eine viel zu große Masse postuliert, und dass man ihn an der vorhergesagten Stelle gefunden hat, war reiner Zufall.

Neptun: Und noch dazu stellte sich heraus, dass er eigentlich eine Missgeburt ist, beinahe so etwas wie ein Siamesischer Zwilling: Ein Planet mit fast gleichgroßem Mond, die sich eng umkreisen.

Uranus: Aber irgendeinen Grund müssen doch die Unebenheiten unserer Bahnen gehabt haben.

Neptun: Vielleicht, weil sich jenseits des Pluto allerlei Gesindel herumtreibt. Nur Kleinzeug, aber jetzt hat man schon 80 dieser Vorstadtplaneten geortet.

Uranus: Ich würde sie nicht als Brüder bezeichnen, aber viel Kleinvieh macht auch Mist.

5.3 Die Planetarische Schaukel

Berücksichtigt man die gegenseitige Anziehung der Planeten, wird auch ein Newton machtlos.

Johannes Kepler erblickte in den elliptischen Bahnen von zwei Körpern, die sich durch die Schwerkraft anziehen, einen Widerschein der Harmonie der Sphären. Doch fügt man nur einen weiteren Körper hinzu, kann das Chaos ausbrechen. Die Bewegungsgleichungen werden unlösbar, und nur wenige markante Erscheinungen ragen aus dem Meer des Ungewissen hervor. Es kann Einfachheit herrschen, wenn perfekte Symmetrie vorliegt. Bilden die drei Körper ein gleichseitiges Dreieck, dann gibt es eine Lösung der Bewegungsgleichungen, bei der jeder Körper um den gemeinsamen Schwerpunkt seine Keplerellipsen zieht, aber so im Takt, dass sich die Dreiecke zu verschiedenen Zeiten stets ähnlich bleiben. Dabei bleibt die Bewegung in der Ebene des Dreiecks. Bewegt sich der dritte leichtere Körper senkrecht auf die Ellipsenebene der Bahn der beiden anderen, dann kann fast alles geschehen. Mathematisch präzisiert heißt dies, dass es zu jeder ansteigenden Zeitfolge $t_1 < t_2 < t_3 \dots$ mit einem gewissen Mindestabstand d zwischen den Zeiten eine Bahn gibt, die zu den Zeiten $t_1, t_2, \dots$ die Ellipsenebene durchquert.

Doch sind das künstliche Konstruktionen und spiegeln nicht das typische Verhalten wider. Letzteres besteht darin, dass einer der drei Körper das Weite sucht. Dies kann geschehen, weil er von Anfang an weit an den beiden anderen vorbeigeflogen ist, dann bleibt die Begegnung flüchtig. Oder aber er kommt ihnen so in die Quere, dass sie eng aneinander vorbeifliegen, und einer so viel Schwung bekommt, dass er sich verabschiedet. Daran kann man ihn hindern, indem man sagt, alles bewegt sich eigentlich auf einer Kugeloberfläche, und wenn einer nach Osten abhauen will, kommt er im Westen wieder zurück. In so einer Situation wird die Bewegung immer wilder und heizt sich auf. Hat man mehr als drei Körper, so können sie auch im unendlichen Raum ihre Bewegung so anfachen, dass einer schon nach endlicher Zeit das räumlich Unendliche erreicht. Was der dann dort macht, darüber schweigt die Mathematik, und der Physiker gerät in Verlegenheit. Nach so einem Schreck durch derartige Schauergeschichten, die aber nicht meiner Phantasie entspringen, sondern mathematische Theoreme illustrieren, müssen wir uns überlegen, wieso in unserer Planetenfamilie der Friede eingekehrt ist.

Zunächst sind die Kräfte, welche die Planeten aufeinander ausüben, viel kleiner als die Schwerkraft der Sonne. Letztere ist proportional der Masse und daher mehr als tausendmal größer als die eines großen Planeten. Auch sind die Abstände der Planeten untereinander meist größer als ihr Abstand zur Sonne, so dass die Kraft der Sonne typischerweise um 10^4 überwiegt. Aber damit können wir nicht die Stabilität des Planetensystems über Milliarden von Jahren erklären. Würde man Mars und Jupiter stoppen, und wären sie allein auf der Welt, würden sie in ein paar hundert Jahren ineinander fallen. Das planetarische Uhrwerk funktioniert so perfekt, weil die störenden Kräfte immer ihre Richtung ändern, und sich über lange Zeiten herausmitteln.

Betrachtet man von der ungestörten Ellipsenbahn eines Planeten, sagen wir der Erde, lediglich den Abstand zur Sonne, dann ist dies ein rein periodischer Vorgang. Innerhalb eines halben Jahres nähert sich die Erde der Sonne um etwa ein Prozent, kehrt dann um und ist nach einem weiteren halben Jahr wieder bei der maximalen Entfernung angelangt. Überlegen wir uns nun, was Jupiter für einen Einfluss darauf haben kann. Seine Wirkung ist natürlich am größten, wenn Erde und Jupiter auf derselben Seite der Sonne sind (Konjunktion), dann zieht der Jupiter die Erde etwas nach außen. Doch die Erde ist ja schneller als der Jupiter, sie entwischt ihm und schlüpft auf die andere Seite der Sonne. Nächstes Jahr wiederholt sich dies Geschehen, es ist wie auf einer Schaukel, wenn der Opa sein Enkerl periodisch immer etwas anschubst. Aber es geht nicht genau im Rhythmus der Schaukel, der Jupiter steht ja nicht still. Der nächste Schubs (besser Zug) kommt etwas später als nach einem Jahr, und wir wissen ja vom Spielplatz, wie dann die Bewegung verläuft. Zunächst werden sich die Schubse aufschaukeln, doch wenn der unachtsame Opa aus dem Takt kommt, gibt es schließlich Schubumkehr und die Schaukel kommt wieder zur Ruhe. Dann geht das Spiel von neuem los, aber über lange Zeiten gesehen schleift sich eine periodische Bewegung ohne Katastrophe ein. Dies ist in Abbildung 5.2 (siehe S. 197) für verschiedene Anfangsabstände angedeutet.

Eine Katastrophe würde nur bei einer so genannten Resonanz eintreten, etwa wenn ein Jupiterjahr genau zwei Erdjahre wäre. Dann würde bei der nächsten Konjunktion in zwei Jahren die Jupiterkraft genau in dieselbe Kerbe schlagen. (Siehe Skizze in Abbildung 5.1)

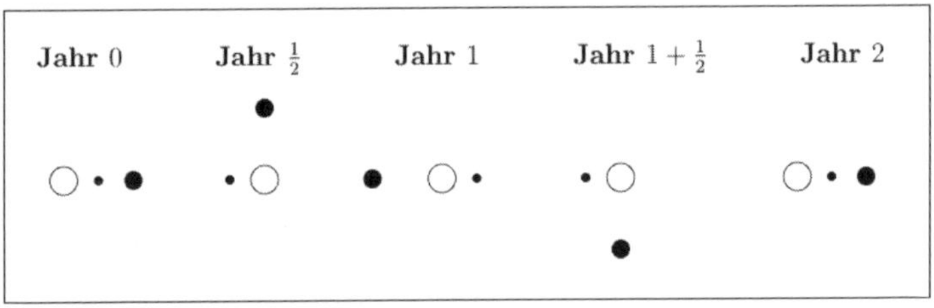

Abbildung 5.1:

$\bigcirc$ = Sonne, $\bullet$ = Erde, ⬤ = Jupiter

Doch auch für diesen schlimmsten Fall hat sich der himmlische Uhrmacher einen Ausweg einfallen lassen. Zunächst würde sich bei der Resonanz die Abweichung der Erdbahn von einer Kreisbahn immer weiter aufschaukeln, aber schließlich kommt man doch wieder aus dem Takt. Der Grund ist, dass, obgleich der Jupiter ruhig seine Kreise weiterzieht, eine stärkere Deformation der Erdbahn eine Änderung ihrer Umlaufdauer zur Folge hätte. Es kommt dann wieder zur Schubumkehr, und das alte Gleichgewicht spielt sich wieder ein (Abbildung 5.2, siehe S. 197). In unserem Planetensystem ist ja eine solche Resonanz (fast) realisiert, allerdings nicht 1:2, sondern 2:5, und zwar zwischen Jupiter und Saturn. In der Abbildung 5.3 (siehe S. 198) sieht man den Abstand Saturn–Sonne im Lauf der Zeit. Da es eine höhere Resonanz ist, gibt es ein komplizierteres Hin und Her, aber keine Katastrophe. Die tritt in unserer Planetenfamilie nicht ein, weil folgende Regeln ein friedliches Zusammenleben garantieren:

I Alle Bahnen sind ziemlich in einer Ebene.

II Auch die Masse der größten Planeten ist kleiner als ein Promille der Sonnenmasse, so dass ihre Dominanz unangefochten bleibt.

III Die Planeten bleiben schön auf Distanz und ihre Bahnen schneiden sich nicht (bis auf das Paar Neptun → Pluto).

Verletzt man eines dieser Gebote, so nimmt es ein böses Ende. In der Abbildung 5.4 (siehe S. 199) sehen wir, was geschähe, wenn wir Regel II verletzten und die Masse von Jupiter von $10^{-3} M_\odot$ auf $10^{-1} M_\odot$ vergrößern würden

($M_\odot$ = Sonnenmasse). Ein armer kleiner Asteroid würde schon nach etwa 100 Jupiterjahren aus dem Sonnensystem geworfen. In der Abbildung 5.4 (siehe S. 199) wird durch den Einfluss von Jupiter auch Regel III verletzt. Kommt es zu Überschneidungen von Planetenbahnen, so führt dies früher oder später zur Katastrophe.

Jetzt erhebt sich die Frage, wer hat denn unseren Planeten die drei Gebote beigebracht, so dass sie friedlich miteinander leben können? Vieles lässt sich darwinistisch verstehen, Störenfriede wurden gnadenlos ausgemerzt. Sicher gab es am Anfang viel mehr Planeten und es gab Zusammenstöße. Die Asteroiden zwischen Mars und Jupiter dürften ja Bruchstücke sein, die nach einer Katastrophe überblieben. Manche meinen sogar, unser lieber Mond wäre nur so ein Fragment. Wie groß die Wahrscheinlichkeit ist, dass nach so einem Gemetzel Friede einzieht, ist schwer abzuschätzen. Die beste Entsorgung von Unruhestiftern ist wohl, sie aus dem Sonnensystem zu werfen. Dann könnte man sagen: „Aus den Augen, aus dem Sinn". Wie man planetarischen Müll in galaktischen Müll umwandeln kann, darüber soll jetzt zwischen einem braven und einem aufmüpfigen Studenten und einem beflissenen Dozenten verhandelt werden.

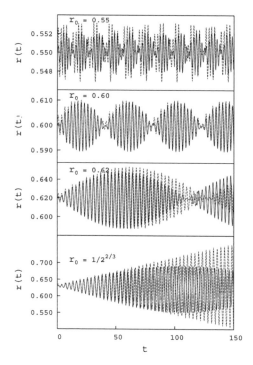

Abbildung 5.2: Radiale Deformation der kreisförmigen Bahn eines leichten Planeten mit dem Anfangsradius r_0 durch den Einfluss von Jupiter. $r(t)$ bezeichnet den gestörten Planetenabstand von der Sonne, wobei $r(0) = r_0$ ist. In den hier verwendeten Einheiten ist der Abstand Jupiter–Sonne gleich eins, der Erdabstand 0.19, und der des Mars 0.28. Für die Jupitermasse wurden $1/999$ der Sonnenmasse angenommen. Die ausgezogenen Kurven sind das Ergebnis einer Computersimulation, die gestrichelten Kurven folgen aus einem einfachen Oszillatormodell.

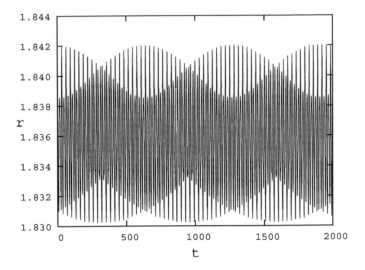

Abbildung 5.3: Radiale Deformation der kreisförmigen Sa-
turnbahn mit dem Radius $r_0(2/5)^{-2/3} \approx 1.8420$, durch
den Einfluss von Jupiter. $r(t)$ bezeichnet den gestörten Planetenabstand von der Sonne, wobei der Abstand
Jupiter–Sonne gleich Eins ist. Für die Jupitermasse wurden $1/999$ der Sonnenmasse angenommen. Die Kurven
sind das Ergebnis einer Computersimulation.

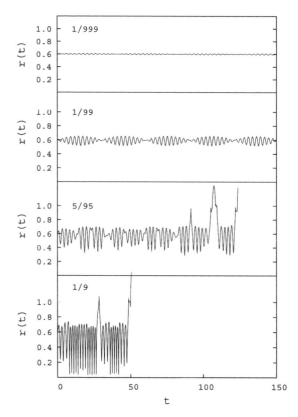

Abbildung 5.4: Radiale Deformation einer als kreisförmig angenommenen Planetenbahn mit dem Radius $r_0 = 0.6$, durch den Einfluss von Jupiter. $r(t)$ bezeichnet den gestörten Planetenabstand von der Sonne, wobei der Abstand Jupiter–Sonne gleich Eins ist. Die Jupitermasse nimmt von oben nach unten zu, und zwar von 1/999-stel bis auf ein Neuntel der Sonnenmasse. Die Kurven sind das Ergebnis von Computersimulationen.

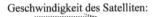

Geschwindigkeit des Satelliten:　　　　Geschwindigkeit von Merkur:

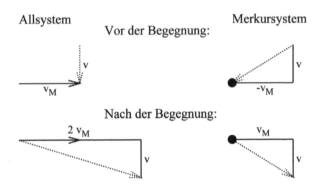

Abbildung 5.5: Begegnung von Satellit und Merkur, gesehen vom System, in dem das All ruht (Allsystem) und dem System, in dem der Merkur ruht (Merkursystem). In Letzteren ändert die Horizontalkomponente der Satellitengeschwindigkeit ihr Vorzeichen, die andere bleibt gleich. Geht man ins Allsystem zurück bekommen alle Geschwindigkeiten eien Zusatz v_m sodass der Satellit dann $2v_m$ zur Horiontalgeschwindigkeit dazu bekommen hat.

Galaktische Reisen für Anfänger

Zwei Studenten unterhalten sich angeregt nach der Astronomievorlesung:

Simplizissimus: Schon erschreckend, dass da am Anfang ein Planet einen anderen aus unserem Sonnensystem geworfen haben soll.

Pfiffikus: Dass die das können, gegen die Sonne sind sie doch nur Stäubchen!

Simplizissimus: Die müssen einen Instinkt wie ein Kuckucksjunges haben, das ja auch andere Küken aus dem Nest wirft.

Pfiffikus: Instinkt haben sie nicht, sie können nur, was Newton ihnen erlaubt.

Simplizissimus: Gehen wir ins Anfängerseminar. Der Dozent wollte doch erzählen, wie man aus unserem Sonnensystem herauskommt.

[Sie zwängen sich in den vollen Seminarraum und setzen sich frech in die erste Reihe.]

Dozent: Meine Damen und Herren!
Bei unserem Thema geht es um das Überleben der Menschheit oder überhaupt des Lebens in ferner Zukunft. Wie Sie wissen, wird sich die Sonne in einigen Milliarden Jahren zum roten Riesen aufblähen. Dadurch werden unsere Ozeane verdampfen, und wir müssen uns eine neue Bleibe suchen.

Pfiffikus (zu Simplizissimus): Mit so philosophischen Phantasien will der Kerl wohl das Auditorium mit Quatschköpfen voll kriegen. Mir wäre was Handfesteres lieber.

Simplizissimus (zum Dozenten): Ich dachte, wenn der Sonne der Kernbrennstoff ausgeht, wird sie einfach erkalten.

Dozent: Hier kommt ein raffinierter Effekt ins Spiel, nämlich die negative spezifische Wärme. Nach der gehören Energieabgabe – Erwärmung – Kontraktion zusammen und entsprechend auch Energieaufnahme – Abkühlung – Expansion. Geht der Wasserstoffbrennstoff aus, so zieht sich das Sonneninnere zusammen, es wird heißer und gibt Energie ab. Die äußeren Schichten nehmen diese Energie auf, und wegen negativer spezifischer Wärme kühlen sie sich ab und expandieren.

Simplizissimus: Also wird sie doch kälter.

Dozent: Ja, aber so groß, dass sie sich bis zur Erdbahn erstrecken wird, und tausend Grad vor der Haustür ist doch zuviel.

Dies ist ein Anfängerseminar, und ich setze daher nicht viel voraus. Sie müssen nur mit den folgenden planetarischen Verkehrsregeln vertraut sein:

Für einen Satelliten der Einheitsmasse gilt

> I Kinetische Energie $= E_{kin} = v^2/2$, v ist die Geschwindigkeit

II Gravitationsenergie $= E_{grav} = -GM_\odot/R$, $M_\odot$ ist die Sonnenmasse, und R der Abstand zur Sonne. Wir berücksichtigen nur ihre Wirkung.

III Für eine Kreisbahn um die Sonne gilt $E_{kin} = -1/2E_{grav}$ (Virialsatz).

IV Eine Bahn verlässt unser Sonnensystem genau dann, wenn die Gesamtenergie positiv ist:

$$E = E_{kin} + E_{grav} > 0.$$

Dazu ist im Einzelnen zu bemerken:

ad I Die kinetische Energie steigt also mit wachsender Geschwindigkeit stark an.

ad II Die Gravitationsenergie wird hingegen immer mehr negativ, wenn wir den Abstand zur Sonne verringern.

ad III Die Gravitationsenergie, die negativ ist, wird für die Kreisbahn zur Hälfte aufgewogen, es gilt also $E = 1/2E_{grav} = -E_{kin}$.

ad IV Wie die Bahn im Einzelnen auch sein mag: Ist $E > 0$, so findet sie schlussendlich immer aus dem Sonnensystem heraus, ist hingegen $E < 0$, so bleibt sie für ewig gefangen.

Simplizissimus: Das habe ich schon einmal gehört, aber es ist so lange her, dass ich mich nicht erinnern kann, wo und wann.

Dozent: Um nun, von der Erde startend, unser Sonnensystem zu verlassen, muss die kinetische Energie so vergrößert werden, dass $E > 0$ wird. Also geben wir dem Satelliten zusätzlich eine Geschwindigkeit Δ. Sie addiert sich, vom All aus gesehen, zur Erdgeschwindigkeit v_E. Wenn sie dieselbe Richtung haben, wird dann nach (I) seine kinetische Energie $(v_E + \Delta)^2/2$, während seine Gravitationsenergie dabei gleich bleibt. Könnte sich die NASA etwa $\Delta = v_E$, die dreifache Fluchtgeschwindigkeit von der Erde, leisten, wäre man schon draußen: Es gilt

$$
\begin{aligned}
E &= (v_E + \Delta)^2/2 - GM_\odot/R_E = \\
&= 4v_E^2/2 - GM_\odot/R_E = v_E^2 > 0,
\end{aligned}
$$

denn (III) verlangt ja $v_E^2 = GM_\odot/R_E$. Mit welcher Geschwindigkeit wir dann ins All jagen, zeigt folgende Überlegung: Weit weg von der Sonne wird die Energie $v^2/2 - M_\odot G/R$ fast $v^2/2$, sobald R genügend groß ist. Die Gesamtenergie bleibt aber immer v_E^2, und somit ergibt sich für die Geschwindigkeit v_∞ draußen:

$$
v_\infty = v_E\sqrt{2} = 1.4v_E.
$$

Pfiffikus: Herr Lehrer ...

Simplizissimus (stößt ihn an): Herr Dozent!

Pfiffikus: Herr Dozent, ich möchte es umgekehrt machen und $\Delta = -v_E$ setzen.

Dozent: Sind Sie von Sinnen?

Pfiffikus: Was Sie über die negative spezifische Wärme gesagt haben, klang so wirr, dass es mir schien, am besten wäre es zu bremsen, um zu beschleunigen.

Dozent: Aber dann steht der Satellit ja im All still und fällt durch die Sonnenanziehung gerade in sie hinein.

Pfiffikus: Wäre ich auf dem Satelliten, würde ich gerade in so einem Augenblick bremsen, dass ich beim Fall auf die Sonne knapp am Merkur vorbeikomme und, indem ich ihn umrunde, er meine Geschwindigkeit umdreht und mich wieder herausholt.

Dozent: Und was gewinnen Sie durch dieses tollkühne Husarenstück?

Pfiffikus: Doch einiges! Ich stelle mir das so vor: Bei enger Umkreisung wirkt der Merkur als würde er reflektieren. Nach Reflexion am bewegten Merkur hätte ich dann das Doppelte seiner Geschwindigkeit und daher dieselbe Situation wie bei Ihrer Überlegung (Abbildung 5.5).

Nur habe ich dann weit draußen 1.4 mal der Merkurgeschwindigkeit, und die ist ja viel größer als die Erdgeschwindigkeit.

Ich will als kleine Hausübung diese Überlegung ausführen. Das Resultat für die Geschwindigkeit v_∞ nach Verlassen des Sonnensystems ist (Anhang I)

$$v_\infty = 5v_E$$

Simplizissimus: Das ist ja toll, dabei war deine Anfangsinvestition an Geschwindigkeit, $\Delta = 30$ km/s, und somit an Energie die gleiche, wie bei der Methode Stumpfsinn des Professors. Du aber hast die dreifache Geschwindigkeit für v_∞ erwirtschaftet. Vielleicht kriegst du noch einen Job bei der NASA, wenn du Onkel Sam so viel Geld sparen hilfst. Aber die wissen das wahrscheinlich, ich habe sogar im Fernsehen gehört, dass man an anderen Planeten Schwung holen kann.

[Die Studenten auf dem Heimweg:]

Simplizissimus: Dennoch sind galaktische Reisen nichts für mich. Sogar wenn wir $v_\infty = 300$ km/s, also 10^{-3} Lichtgeschwindigkeit erwirtschaften würden, bleibt der nächste brauchbare Stern noch immer 10 Lichtjahre entfernt, und der Flug würde an die 10^4 Jahre dauern. In zehntausend Jahren würde mir schon etwas fad.

Pfiffikus: Auch ohne Futurologie haben wir doch gesehen, wie leicht es ist, dass sich zwei Planeten aus dem Sonnensystem werfen. Dass der Merkur eine viel kleinere Masse als die Sonne hat, ist ja in meine Überlegungen gar nicht eingegangen. Die Merkurmasse muss gerade so groß sein, dass seine Kraft bei engster Umrundung des Merkurs die Kraft der Sonne überwiegt. Auch muss der Merkur gewichtiger sein als der Satellit.

Simplizissimus: Sicher, wären beide gleichschwer, dann diktierte nicht einer allein die resultierende Flugrichtung, und am Ende fielen vielleicht beide in die Sonne. Es war schon richtig, dass die Leute immer

gedacht haben, dass beim planetarischen Verkehr
jemand aufpassen muss.

★

Diese Plauderei zeigt, wie vielfältig das Geschehen in der
Newton'schen Mechanik ist, sobald man mehrere Spieler
hat. Vielfach bekommt man zu hören, dass diese Probleme
im Prinzip schon gelöst sind. Dies stimmt zwar, aber
das für uns Relevante steckt in den unerschöpflich vielen
Einzelfällen.

6 Wieso entsteht Leben?

6.1 Was ist Leben?

Die chemischen Kräfte zaubern aus Atomen die erstaunlichsten Gebilde, das Leben führt dies unermesslich weiter.

Einen Besucher von einem anderen Stern müsste die Vielfalt der Gesichter unserer inneren Planeten begeistern. Der Merkur: schwarzgebrannte Lava, die Venus: weiße Wolken, der Mars: rote Wüsten, die Erde: blaue Meere. Doch bei genauerem Hinschauen würde er eines grünen Schimmers auf unseren Kontinenten gewahr werden, und sein Staunen müsste bei jeder weiteren Annäherung wachsen. Nicht nur Chemie ist am Werk, ein weit darüber hinausgehendes Prinzip hat hier eine schier unerschöpfliche biologische Artenvielfalt geschaffen. Allein die Zahl der Moleküle, zu der sich die vier Elemente H, C, N, O, zusammenfügen, ist enorm, aber kosmisch gesehen, eine Ausnahme. Die meiste sichtbare Materie steckt ja in den Sternen, und in deren Innerem gibt es nur einen Stoff, das so genannte Jellium: Eine Suppe ziemlich gleichverteilter Elektronen, in der die Atomkerne schwimmen: Hauptsächlich Wasserstoffkerne, also Protonen, weiters 25% Heliumkerne (α-Teilchen), je nach Sternalter mehr oder weniger gewürzt mit einigen schwereren Atomkernen. Die Eigenschaften dieser Einheitssuppe hängen von ihrer Temperatur und Dichte ab, weitere Strukturen oder Spezifika fehlen. Erst wenn man den Druck der Schwerkraft lindert, erwacht die Chemie, die Vielzahl der Moleküle blüht auf. Doch wieso fügen sich diese dann weiter zu der Unzahl der lebenden Strukturen zusammen, die unsere Erde überwuchern? Der außerirdische Besucher könnte dies nicht so leicht erraten, die Spuren unseres Ursprungs sind verweht wie diejenigen des Geschehens innerhalb von drei Minuten nach dem Urknall. Heute könnten wir nicht mehr entstehen, unsere Atmosphäre enthält zuviel Sauerstoff. Zunächst war er nur Abfallprodukt der biologischen Entwicklung, wurde dann zum Gift, ja zum Suchtgift. Obwohl für viele Keime tödlich, können wir ohne Sauerstoff nicht länger als sechs Minuten leben.

Obgleich man bis jetzt die Entstehung des Lebens in der Retorte noch nicht reproduzieren konnte, ist die Zahl der menschlichen Erklärungsversuche so unüberschaubar wie die der biologischen Arten. Ich kann hier natürlich nur ganz wenige Kostproben bieten, etwa Themen streifen, die in zwei einflussreichen Büchern des 20. Jahrhunderts behandelt werden: „Was ist Leben" von Erwin Schrödinger und „Zufall und Notwendigkeit" von Jacques Monod.

Eine der wenigen Pflichten von Schrödinger in Dublin war es, jährlich ein paar populäre Vorträge zu halten. Er hat sie dann meist zu kleinen Büchlein ausgearbeitet und in der Cambridge University Press veröffentlicht. Sie sind alle Perlen seines brillanten Stils, doch hatte keines so eine Wirkung wie „What is Life". Er behandelt darin zwei zentrale Fragen.

1. Leben ist zweifelsohne eine Ordnung, die sich aus der thermischen Gleichverteilung heraushebt. Widerspricht dies nicht dem zweiten Hauptsatz der

Thermodynamik, nach dem die Entropie und somit die Unordnung stets zunimmt?

2. Was gibt dem Erbgut diese Stabilität, dass es durch viele Generationen unverfälscht weitergegeben wird?

Er erkennt die aus heutiger Sicht richtigen Antworten.

ad 1. Der zweite Hauptsatz verlangt nur, dass die Gesamtentropie zunimmt, und man darf das lebende System nur im Zusammenwirken mit seiner Umwelt sehen. Wird die Entropie der Umwelt kräftig erhöht, so kann sich die Entropie des lebenden Systems etwas vermindern, zugleich aber die Gesamtentropie, die Summe aus beiden, doch zunehmen.

ad 2. Nach der Quantentheorie gibt es im Gegensatz zur klassischen Theorie Strukturen, die starr sind und sich nicht im Lauf der Zeit immer ein bisschen weiterverändern. Schrödinger meinte, das Erbmaterial könne einem aperiodischen Kristall ähnlich sein. „Aperiodisch", denn die genetische Information muss etwa so wie durch ein Morsealphabet übermittelt werden, und „Kristall", damit es nicht bald wieder verwaschen wird.

Schrödingers Buch begeisterte eine junge Generation von Physikern für diese Fragen, und löste einen Entwicklungsschub der Molekularbiologie aus. Dennoch blieb ihm offene Kritik nicht erspart. Einerseits wurde ihm vorgeworfen, das von ihm Verkündete wäre nichts Neues gewesen. Diese Kritik geht ins Leere, denn bei einem populären Vortrag geht es ums Verständlichmachen, nicht um die

Neuheit. Ernster ist der Vorwurf, er hätte falsch gewichtet, die Entropiezunahme sei nicht so ein vordergründiges Problem. Bei einem offenen System, wie etwa ein Lebewesen in seiner Umwelt, müsse die Entropie nicht zunehmen, sondern seine freie Energie (= Energie − Temperatur × Entropie) abnehmen. Deren erster, energetischer Teil sei der wichtigere; wir würden ja auch energiereiche Würste und nicht entropiearme Diamanten essen. Tatsächlich bekommen wir Erdenbürger durch den Sonnenschein viel entropiemagere Energie. Von der Sonne bekommen wir Photonen einer Energie, die den 6000 K der Sonnenoberfläche entspricht, und jedes wird hier in 20 Photonen mit Erdtemperatur 300 K gespalten. Solches verlangt die Erhaltung der Energie, sie ist proportional zur Temperatur und $20 \times 300 = 6000$. Die Entropie eines Photonengases ist aber im Wesentlichen die Zahl der Photonen, sie wird also auf der Erde um einen Faktor 20 vergrößert. Auf dessen Kosten können wir uns schon einiges an biologischer Ordnung leisten, ohne die Gesamtentropie zu schmälern. Wie viel genau, hängt von Details ab. Ich hatte einmal abgeschätzt, in einem Sommer könnte man sich mit dem Sonnenschein einen 10 m hohen Wald leisten, ohne das Prinzip der Entropievermehrung (zweiter Hauptsatz der Thermodynamik) zu durchbrechen. Ein kalifornischer Kollege hatte dann diese Rechnung nachvollzogen und mir geschrieben, er bekäme 20 m Waldhöhe. Ich konnte nur antworten, wahrscheinlich hätten sie in Kalifornien bessere Sommer als wir. Jedenfalls ist die Frage der Entropievermehrung für den Physiker eine psychologische Barriere, und Schrödinger tat gut daran, sie zu erörtern.

Zum zweiten Punkt wurde eingewendet, ein aperiodischer Kristall wäre ein Widerspruch in sich selbst, ein

Kristall sei per Definition etwas Periodisches. Als jedoch ein Jahrzehnt später der molekulare Kopiermechanismus, die DNA, enträtselt wurde, hat man gesehen, dass Schrödingers Intuition gar nicht so fehl ging. DNA ist ein sehr langer molekularer Faden, auf dem vier Paare der Grundbausteine, die vier Basen Adenin, Guanin, Cytosin und Thymin, aneinandergereiht sind. Dabei kuscheln sich A mit T und C mit G zusammen. Wenn Paare vertikal geschrieben werden und der Faden horizontal liegt, kann dies so aussehen:

$$
\begin{array}{cccc}
\text{A} & \text{T} & \text{G} & \text{C} \dots \\
| & | & | & | \\
\text{T} & \text{A} & \text{C} & \text{G} \dots
\end{array}
$$

Die ganze Information steckt in der Reihenfolge. Der Faden ist auch zu einer Spirale verzwirbelt, was dieser „Doppelhelix" einen zugkräftigen Namen verliehen hat, aber für den Kopiermechanismus unwesentlich ist. Der funktioniert ganz einfach: Man reiße auf, wie bei einem Reißverschluss:

$$
\begin{array}{cccc}
\text{A} & \text{T} & \text{G} & \text{C} \dots \\
| & | & | & | \\
| & | & | & | \\
\text{T} & \text{A} & \text{C} & \text{G} \dots
\end{array}
$$

Und weil das Ganze in einer Suppe der vier Basen schwimmt, sucht sich jede Base ihren passenden Partner:

$$
\begin{array}{cccc}
\text{A} & \text{T} & \text{G} & \text{C} \dots \\
| & | & | & | \\
\text{T} & \text{A} & \text{C} & \text{G} \dots
\end{array}
$$

$$
\begin{array}{cccc}
\text{A} & \text{T} & \text{G} & \text{C} \dots \\
| & | & | & | \\
\text{T} & \text{A} & \text{C} & \text{G} \dots
\end{array}
$$

Dann teilen sich die Stränge, jeder Strang geht seinen
Weg, und schon sind wir geklont:

```
A T G C …
| | | |
T A C G …


A T G C …
| | | |
T A C G …
```

Für mich ist dieser Prozess noch immer ein Wunder,
denn ich habe schon oft versucht, Drahtzäune zu flicken.
Auch dabei geht es darum, dass sich zwei Drahtspira-
len perfekt ineinander fügen müssen. Von alleine haben
die das aber nie gemacht. Es gab immer nur einen hoff-
nungslosen Drahtknäuel. Natürlich sagen die Biochemiker,
dass hier quanten-mechanische Bindungskräfte im Spiel
sind, aber dass die für mehr Ordnung sorgen, dünkt mich
dennoch wundersam. Doch folgender Gedanke gibt uns
einen Hinweis: Das Leben verbirgt seine Geheimnisse hinter Quantenphänomenen, die dem an alltäglichen Dingen
geschulten menschlichen Verstand nicht direkt zugänglich sind. Beim Kopieren müssen sich die Moleküle fest
aneinander schmiegen, so dass dabei die auf ganz kurze
Distanzen wirkenden Kräfte ins Spiel kommen. Solche
Kräfte sind schon lange bekannt, aber sie haben ihren
Ursprung in Korrelationen zwischen den Molekülen, wie
sie nur die Quantenmechanik liefert. Wie man heute sagt,
müssen die Moleküle „entangled" sein. Schrödinger hatte
das ursprünglich „verschränkt" benannt. Dass das Sprach-
genie Schrödinger da kein schöneres deutsches Wort finden
konnte, ist nicht von ungefähr. In der Umgangssprache ist

diese Eigenschaft nicht ausdrückbar, denn die Gegenstände des täglichen Lebens sind nicht auf erkenntliche Art entangled.

Das Buch von Monod erschien 1970, fünf Jahre, nachdem er den Medizinnobelpreis erhalten hatte. Es zeigt aber sofort, dass der Autor eigentlich Chemiker ist. Das Buch beschreibt den oben angegebenen Kopiermechanismus im Detail. Ich habe das Buch eingangs als dogmatisch bezeichnet. Es stellt das Dogma der Objektivierbarkeit über alles. Nur, was bedeutet dies genau? In seiner naiven Form „Jede Aussage muss vom Beobachter unabhängig sein" ist es ja in der Quantenmechanik nicht unbestritten. Irgendetwas wird es schon heißen, aber so lange das nicht herausgearbeitet ist, scheint es willkürlich, wenn man mit diesem Dogma Denkansätze abwürgt. Dessen ungeachtet bietet es ein überwältigendes Panorama der biologischen Evolution. Wie der Titel sagt, wird untersucht, was aus den ersten Prinzipien folgt, und was zufälligen Ursprungs ist. Monod kommt zum pessimistischen Schlusssatz: „Der Mensch ist nur ein Produkt des Zufalls, unendlich einsam in den Weiten des Alls, vielleicht nur ein winziges Fünkchen in der kosmischen Evolution". Wie viel optimistischer ist hingegen die Vision der Verfechter des im letzten Kapitel zu besprechenden eschatologischen anthropischen Prinzips: „Das All wurde nur geschaffen, damit es sich der Mensch einmal untertan mache". Doch der Weg dorthin ist mit unsagbar viel Blut, Schweiß und Tränen gepflastert und wir müssen uns jetzt mit Nahzielen begnügen.

Als erstes wollen wir uns mit der Notwendigkeit beschäftigen, also mit strikt deterministischen Gesetzen. Wir werden sehen, wie sich die Entropiezunahme und das Überleben des Tüchtigsten nicht nur verbal, sondern auch mathematisch-formal herleitet. Aber keine Angst, wir werden nur Embryonalformen studieren, die nicht über das kleine Einmaleins hinausgehen. Ich hoffe, ich werde eine gefällige Einkleidung finden.

Im letzten Abschnitt wollen wir einen der vielen zufälligen Faktoren der biologischen Evolution genauer unter die Lupe nehmen, nämlich das Wasser. Es verleiht nicht nur unserem Planeten seine blaue Pracht, es ist aus jeder Sicht gesehen ein Wunder. Bei Schmelzpunkt, Siedepunkt, Dichte, Dielektrizitätskonstante und vielen anderen Eigenschaften tanzt es aus der Reihe der anderen wasserstoffhältigen Substanzen H_2X. Und warum? Es gibt einen kleinen Unterschied: Bei anderen Molekülen der Form H_2X schließen die beiden Wasserstoffäste etwa einen rechten Winkel ein, bei H_2O ist er etwas weiter, $104°$. Dieses unscheinbare Detail hat gravierende Folgen, die für die Entwicklung des Lebens ausschlaggebend sind.

6.2 Entstehung von Ordnung

Warum entsteht immer Unordnung, auch wenn die Entwicklung in umgekehrter Zeitrichtung möglich ist und Ordnung schaffen sollte?

Die Zunahme der Unordnung im Laufe der Zeit dürfte ein allgemeines Prinzip sein. In der Physik tritt sie als Entropievermehrung auf und ist in fast allen Bereichen zu beobachten. In der Biologie scheint aber das Umgekehrte zu geschehen; Lebewesen sind hochgeordnete Systeme. Als erstes wäre also zu klären, wieso Lebewesen dem Zweiten Hauptsatz trotzen. Wir haben allerdings im Kapitel 4.1 schon gesehen, dass bei diesem allgemeinen Streben zur

Gleichverteilung ein Teilsystem mehr Ordnung gewinnen kann. Bei der Bewegung von Körpern, die sich gegenseitig anziehen, bilden sie räumliche Ansammlungen. Das bedeutet natürlich mehr Ordnung als eine ganz homogene Verteilung. Dort wurde die Zunahme dieser Ordnung durch eine gleichzeitige von der Wärme erzeugte Vergrößerung der Unordnung ihrer Geschwindigkeiten mehr als aufgewogen. Auch wenn sich die Verteilung der Orte mehr konzentriert hat, wird die Verteilung der Geschwindigkeiten soweit aufgebläht, dass die Gesamtentropie doch zunimmt.

Die Bewegung so vieler Teilchen ist natürlich schwer überschaubar, deswegen wollen wir die Entropieveränderung anhand eines einfachen Beispiels mit nur drei Teilen genauer studieren. Die Teile (abstrakt a, b, c) werden durch drei Spieler, wie jetzt üblich Alice, Bob und Charles genannt, personifiziert. Das Spiel als solches ist nicht besonders amüsant, es zeigt aber, wie die Entstehung von Ordnung, und damit Verminderung der Entropie schon an dieser Embryonalform zu beobachten ist. Ferner wird es das mathematische Paradigma illustrieren, welches jeder deterministischen Beschreibung zu Grunde liegt.

Der Zustand des Systems soll nicht durch etwas Gedachtes, wie Wahrscheinlichkeiten, beschrieben werden, sondern durch etwas Handfesteres, dem Geld. Alice, Bob und Charles besitzen jeder ein eigenes Vermögen, das jeweils durch die Zahlen V_a, V_b, V_c gegeben ist. Die Zeitentwicklung des Systems gibt an, wie sich die Vermögen (= Bankkonten) im Lauf einer Woche verändern. Das dynamische Gesetz ist für uns einfach eine Spielregel und besagt, was nach einer Woche aus den drei Zahlen V_a, V_b, V_c geworden ist. Wir spielen zunächst mit der Regel: Alice

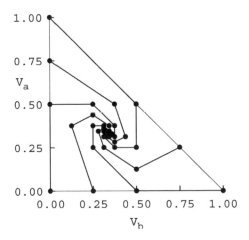

Abbildung 6.1: Entwicklung der Kontostände von Alice, V_a, und von Bob, V_b, mit der Zeit. Der Kontostand von Charles ergibt sich aus $V_c = 1 - V_a - V_b$. Sie streben alle einem Attraktor zu.

gibt die Hälfte ihres Vermögens Bob, der seine Hälfte Charles, und der wiederum seine Hälfte Alice. Dabei ändert sich die Summe der Vermögen nicht, wir können eine Währung verwenden, in der diese Summe gleich eins ist. Eine solche Regel ist ein Spezialfall des mathematischen Begriffs einer Abbildung: Sie ordnet jedem Element einer Menge genau ein Element einer möglicherweise anderen Menge zu. Bei uns sind diese beiden Mengen die Kontostände an einem Montag, und die Kontostände am darauf folgenden Montag. Zunächst ist die Frage, ob sich nach vielen Wochen alle anfänglichen Unterschiede der Konten von Alice, Bob und Charles verwischen und sich jede Anfangsverteilung im Laufe der Zeit derselben Gleichverteilung, $1/3,1/3,1/3$, nähert. Die Gleichverteilung ist ein *Fixpunkt* der Zeitentwicklung, das heißt, sie wird durch unsere Regel der Kapitalverschiebung nicht verändert. Sie ist sogar ein so genannter *Attraktor*, das bedeutet, dass sich ihm alle Verteilungen nähern. Dies wird am besten illustriert, indem man die Kontostände in einem Dreieck einzeichnet: Da die Summe der Konten gleich eins gewählt wurde, genügt es, nur zwei Konten anzugeben, und wir zeichnen V_b nach rechts und V_a nach oben auf. In der Abbildung 6.1 (siehe S. 217) ist für verschiedene Anfangsvermögen der Spielverlauf eingezeichnet. Sie zeigt, wie sich alle Konten spiralförmig, nicht monoton, der Gleichverteilung annähern.

Als nächstes ergibt sich das verwandte Problem, ob durch diese Zeitentwicklung die Entropie bei jedem Schritt vermehrt wird. In unserem Spiel können wir für die Entropie folgenden einfachen Ausdruck verwenden: Gesamtvermögen zum Quadrat minus der Summe der Quadrate der Einzelvermögen. Bei der von uns gegebenen Regel für die Zeitentwicklung werden wir Entropievermehrung und Streben zur Gleichverteilung tatsächlich vorfinden. Dies ist in Abbildung 6.2 eingezeichnet, in der die Zeitentwicklung nach rechts verläuft, und nach oben die Entropie für einige Werte der Anfangskonten eingetragen ist.

Unser Spiel illustriert, wie sich die Entropie vergrößert, obgleich die Spielregel umkehrbar ist. Ein Argument gegen die Entropievermehrung war ja der so genannte Umkehreinwand, dass man die Zeitentwicklung wieder rückgängig machen kann. Tatsächlich gibt es für die Zeitentwicklung eine inverse Abbildung. Diese stellt den Anfangszustand wieder her, wenn man sie auf die ursprüngliche Abbildung folgen lässt. In unserem Fall ist die Inverse folgende einfa-

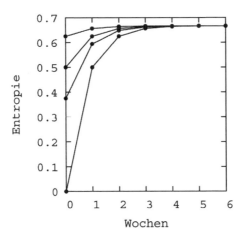

Abbildung 6.2: Zeitliches Anwachsen der Entropie für verschiedene Anfangsverteilungen der Kontostände von Alice, Bob und Charles. Sie erfolgt monoton.

che Regel: Sitzen die Spieler im Kreis, bekommt jeder das Vermögen des einen Nachbarn und muss das des anderen Nachbarn auszahlen. Dieses Inverse ist aber eine Abbildung anderer Art: Bei ihr machen die Spieler immer mehr Schulden, und das führt mit der Zeit zu Instabilitäten. Sie vermindert tatsächlich die Entropie, ja sie macht sie im Lauf der Zeit sogar negativ.

Unsere erste Spielregel kann als Modell für ein mikroskopisches Gesetz angesehen werden, bei dem auf diesem Niveau nicht Ordnung, sondern Gleichverteilung entsteht. Dennoch kann dies aus einer globaleren Sicht anders aussehen. Dieselbe Spielregel führt zur Verminderung einer anderen, globaleren Entropie. Legen Alice und Bob durch Heirat ihre Vermögen zusammen, und rechnet man bei der Entropie nur mit den Familienvermögen, so kann diese Entropie S_f nach unserer Regel auch abnehmen. Dies sieht man in Abbildung 6.3, in der die Entwicklung von S_f nach oben eingezeichnet ist, wobei sich für manche Anfangskonten die Werte von S_f wieder nach unten wenden.

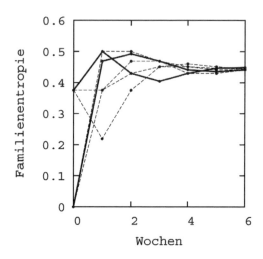

Abbildung 6.3: Zeitliche Entwicklung der Familienentropie S_f für verschiedene Anfangsverteilungen der Kontostände von Alice–Bob und von Charles. Sie ist nicht monoton.

Ohne den mikroskopischen Gesetzen zu widersprechen, können sich somit makroskopische Regeln ausformen, die eine ordnungsbildende Tendenz zeigen. In der biologischen Evolution überlebt der Tüchtigste, also das Umgekehrte der Gleichmacherei, und diese Situation werden wir auch mathematisch mit unseren Spielern modellieren. Die bisher erwähnte Spielregel ist linear (durch eine so genannte doppelt stochastische Matrix), doch zur Illustration biologischer Systeme werden wir anschließend ein nichtlineares Entwicklungsgesetz anwenden. Es lautet einfach: Jeder Spieler macht einen Einsatz, und der wird durch eine Spekulation verdoppelt. Durch eine Wertschöpfung proportional zum Vermögen wird aber das gesamte Geld am selben Stand gehalten. Diese Regel wird nicht zu Instabilitäten führen, sondern auf drei Fixpunkte, nämlich, wenn einer der drei Spieler das ganze Geld hat. Nur einer von diesen Fixpunkten ist allerdings ein Attraktor, nämlich der, bei dem der Spieler mit dem größten Einsatz alles besitzt. Wenn wir wieder die Kontostände in einem Dreieck angeben, bietet dieses Spiel folgendes Bild:

Jetzt kreist alles auf den Punkt zu, in dem Alice und Bob nichts besitzen und daher Charles alles hat. Auf die Evolution übertragen bedeutet es, dass sich der Tüchtigste durchsetzt. Alle drei Fixpunkte haben Entropie Null; daher nimmt sie bei der Annäherung an den Attraktor ab, beim Weggehen von den anderen Fixpunkten aber zu. Dieses Verhalten illustriert die Abbildung 6.5 (siehe S. 223), in der wir ein Maß für die Tüchtigkeit, die „Fitness", einzeichnen. Sie nimmt monoton zu, während die Entropie letztlich doch immer abnimmt.

Natürlich erheben unsere Spielregeln keinerlei Anspruch darauf, in der Natur realisiert zu sein. Sie sollen nur ein Schema zeigen, nach dem es bei der Evolution zugehen könnte. Die Durchführung unseres Spiels im Einzelnen erfordert nicht nur Größenordnungen, sondern genaue Zahlen, daher einige Bruchrechnungen. Ich will sie nicht jedermann zumuten, und wem dies zu mühsam ist, kann zum nächsten Kapitel übergehen, ohne Wesentliches zu versäumen. Wer aber neugierig wurde, den wird vielleicht

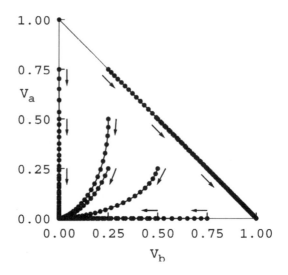

Abbildung 6.4: Entwicklung der Vermögen V_a, V_b und $V_c = 1 - V_a - V_b$ auf einen Fixpunkt, bei dem ein Spieler, in diesem Fall Charles, alles gewinnt.

Folgendes unterhalten:

Akt I

Alice: Bei unserem Verteilungsspiel wird nichts erzeugt, bei jedem Zug darf sich das Gesamtvermögen $V = V_a + V_b + V_c$ nicht ändern.

Charles: Dann schlage ich vor, dass wir eine Währung schaffen, in der unser Gesamtvermögen gerade 1 beträgt:
$$V_a + V_b + V_c = 1.$$

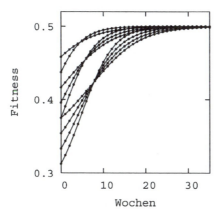

Abbildung 6.5. Hier ist die zeitliche Entwicklung der Fitness für verschiedene Anfangsverteilungen der Vermögen von Alice, Bob und Charles angegeben.

Ferner geben wir den Stand unserer Konten einfach durch die drei Zahlen (V_a, V_b, V_c) an, und so wird das Spiel übersichtlicher.

Bob: Da wir alle Freunde sind, würde ich zunächst ein Spiel vorschlagen, bei dem Vermögensunterschiede ausgeglichen werden. Aber wie machen wir das am gerechtesten?

Alice: Ist doch ganz einfach, durch eine Kommunistenverordnung, geschrieben $Ko \mapsto$. Nach ihr bekommt Bob mein halbes Vermögen dazu, Charles das von Bob, und ich das von Charles. Nach einer Woche ha-

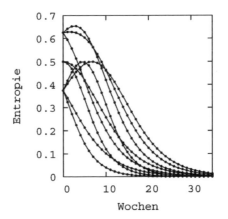

Abbildung 6.6: Hier ist das zu Abbildung 6.5 gehörige Verhalten der Entropie dargestellt.

ben sich dann die Kontostände wie folgt verändert:

Ko-Verordnung: $(V_a, V_b, V_c) \mapsto$

$$\mapsto \left(\frac{1}{2}(V_a + V_c), \frac{1}{2}(V_b + V_a), \frac{1}{2}(V_c + V_b) \right).$$

Das soll unsere Spielregel, unser dynamisches Gesetz sein.

Bob: Schauen wir, wie das funktioniert. Wie würdest du gerupft, wenn du am Anfang unser ganzes Vermögen hättest?

Alice: Laut Verordnung Ko wäre der erste Schritt:

$$(1, 0, 0) \mapsto \left(\frac{1}{2}, \frac{1}{2}, 0 \right).$$

Charles: Ich bin noch immer leer ausgegangen, spielen wir weiter:

$$\left(\frac{1}{2}, \frac{1}{2}, 0\right) \mapsto \left(\frac{1}{4}, \frac{1}{2}, \frac{1}{4}\right).$$

Alice: Gehen wir gleich zur darauf folgenden Runde. Sie bringt:

$$\left(\frac{1}{4}, \frac{1}{2}, \frac{1}{4}\right) \mapsto \left(\frac{1}{4}, \frac{3}{8}, \frac{3}{8}\right),$$

jetzt seid ihr schon reicher als ich.

Bob: Wenn wir noch eins weiterspielen, werden unsere Konten gleich, nur Charles bleibt der Krösus:

$$\left(\frac{1}{4}, \frac{3}{8}, \frac{3}{8}\right) \mapsto \left(\frac{5}{16}, \frac{5}{16}, \frac{6}{16}\right).$$

Alice: Aber einmal sollte die völlige Gerechtigkeit $\left(\frac{1}{3}, \frac{1}{3}, \frac{1}{3}\right)$ eintreten.

Charles: Das wird nie sein, denn laut Verordnung wird

$$V_a - V_b \ \mapsto \ \frac{1}{2}(V_c - V_a),$$
$$V_b - V_c \ \mapsto \ \frac{1}{2}(V_a - V_b),$$
$$V_c - V_a \ \mapsto \ \frac{1}{2}(V_b - V_c),$$

das heißt, die Vermögensunterschiede werden zwar kleiner, aber sie verschwinden nie gleichzeitig.

Bob: Außer wir hätten schon am Anfang völligen Kommunismus, denn

$$\left(\frac{1}{3}, \frac{1}{3}, \frac{1}{3}\right) \mapsto \left(\frac{1}{3}, \frac{1}{3}, \frac{1}{3}\right).$$

Alice: Aber einmal sollte die völlige Gerechtigkeit $\left(\frac{1}{3}, \frac{1}{3}, \frac{1}{3}\right)$ eintreten. Wenn die Verteilung schon nicht ganz gerecht werden kann, sollten wir wenigstens ein Maß haben, das zeigt, dass es immer gerechter wird.

Charles: In der Physik gibt es so eines, es heißt Entropie, und schreibt sich S. In unserem Fall wäre es

$$S = V_a \ln(1/V_a) + V_b \ln(1/V_b) + V_c \ln(1/V_c).$$

Sie ist Null, wenn einer das ganze Geld hat, und $\ln 3$, wenn völlige Gerechtigkeit herrscht. S wird also für gerechtere Verteilungen größer.

Bob: Und was soll „ln" heißen?

Charles: Das ist der Logarithmus, den du wahrscheinlich in der Mittelschule gelernt hast.

Bob: Bitte lass mich damit in Frieden. Ich habe in der Mathematik nur geschlafen, und wenn ich aufgewacht bin, war dies wie nach einem Alptraum.

Charles: Auch gut, sogar in der Mathematik gibt es verschiedene Definitionen der Entropie. Wie wär's mit

$$S = 1 - V_a^2 - V_b^2 - V_c^2.$$

Das ist für $(1, 0, 0)$ auch null und für $\left(\frac{1}{3}, \frac{1}{3}, \frac{1}{3}\right)$ hat es seinen Maximalwert $\frac{2}{3}$.

Alice: Mir wurde so etwas einmal als „Tsallis-Entropie" angepriesen. Schauen wir, ob dieses S unter Ko zunimmt. Fangen wir bei $(1, 0, 0)$ an, dann ist $S = 0$. Unter Ko wird dies $\left(\frac{1}{2}, \frac{1}{2}, 0\right)$. Davon ist die Entropie $S = 1 - \frac{1}{4} - \frac{1}{4} = \frac{1}{2}$ schon größer. Noch einmal Ko gibt $\left(\frac{1}{4}, \frac{1}{2}, \frac{1}{4}\right)$, und das hat

$$S = 1 - \frac{1}{16}(1 + 4 + 1) = \frac{5}{8},$$

also noch um $\frac{1}{8}$ mehr. Es funktioniert.

Charles: Du musst ja nicht am Anfang gleich das ganze Geld an dich reißen, aber die Vermehrung von S gilt auch bei beliebiger Vermögenslage (V_a, V_b, V_c).

Alice: Wieso siehst du das?

Charles: Ich kann eben besser rechnen als ihr und sehe, nachdem Ko einmal gewirkt hat:

$$S = 1 - \frac{1}{4}\left[(V_a + V_c)^2 + (V_b + V_a)^2 + (V_c + V_b)^2\right].$$

Dies kann ich so schreiben, dass wir die Entropievermehrung direkt sehen:

$$\begin{aligned} S &= 1 - V_a^2 - V_b^2 - V_c^2 + \\ &+ \frac{1}{4}\left[(V_a - V_b)^2 + (V_b - V_c)^2 + (V_c - V_a)^2\right], \end{aligned}$$

227

also genau das vorherige S plus etwas, das positiv ist.

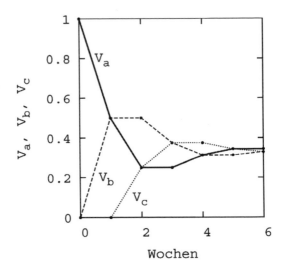

Abbildung 6.7: Zeitliche Entwicklung der Vermögen von Alice, Bob und Charles.

Alice: Außer für $\left(\frac{1}{3}, \frac{1}{3}, \frac{1}{3}\right)$, denn dann ist der Zusatz Null.

Charles: Ja, in der Gleichverteilung hat S schon seinen Maximalwert und kann nicht mehr steigen.

Bob: So viel ich sehe, wird das Spiel jetzt fad, sogar frustrierend. Wir nähern uns immer mehr dem kommunistischen Ziel $\left(\frac{1}{3}, \frac{1}{3}, \frac{1}{3}\right)$, ohne es je zu erreichen.

Alice: Um dies zu erreichen, hätten wir gleich das folgende

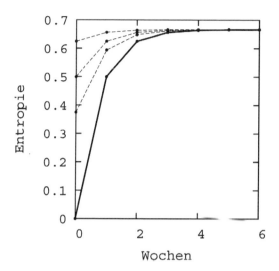

Abbildung 6.8: Zeitliche Entwicklung der Entropie S für verschiedene Anfangsverteilungen von (V_a, V_b, V_c). Die ausgezogene Kurve entspricht dem von Alice, Bob und Charles diskutierten Fall $(1, 0, 0)$.

Gesetz nehmen können:

$Sko : (V_1, V_2, V_3)$ geht immer in $\left(\dfrac{1}{3}, \dfrac{1}{3}, \dfrac{1}{3}\right)$ über.

Dieses superkommunistische Spiel erfüllt wohl auch alle bisherigen Regeln.

Bob: Aber es wäre noch langweiliger, weil nach dem ersten Zug ändert sich ja überhaupt nichts mehr.

Charles: Es wäre dies auch eine andere Art der Abbildung, denn sie lässt sich nicht eindeutig rückgängig machen. Käme eine neue Regierung und wollte alles restituieren, wüsste sie nicht wie, denn alle Anfangsverteilungen führen auf $\left(\frac{1}{3}, \frac{1}{3}, \frac{1}{3}\right)$. Vergessen wir diesen Gedankenblitz.

Bob: Vielleicht veranschaulichen wir, was wir bisher gefunden haben, durch eine Abbildung. Wir zeichnen, wie sich die drei Vermögen der Gleichverteilung nähern, und darunter, wie dabei die Entropie anwächst!

Charles: Ich habe noch eine bessere Darstellung. Wir brauchen ja nur zwei Vermögen angeben, das dritte ist dann die Differenz auf 1. Zeichne ich V_a nach oben und V_b nach rechts, dann entspricht jeder Vermögensstand einem Punkt in einem Dreieck, und durch unser Spiel wandern die Punkte (Abbildung 6.9, siehe S. 231). Die Entropie kann man sich als Gebirge über dem Dreieck vorstellen, und die Wanderung geht immer nach oben. So sieht man, dass die Entropie bei beliebiger Vermögenslage stets zunimmt.

Alice: Mir geht die Gleichmacherei schon auf die Nerven, schauen wir, ob wir nicht Spielregeln finden können, die wenigstens das Ko rückgängig machen.

Bob: Mir hat einmal ein Banker gesagt, um ein Kapital zu machen, muss man sich einmal ein solches bei der Bank ausborgen, und dann clever investieren.

Alice: Du willst also Schulden machen?

Charles: Schulden machen heißt, dass V negativ wird, und wenn wir das zulassen, dann kann ich leicht

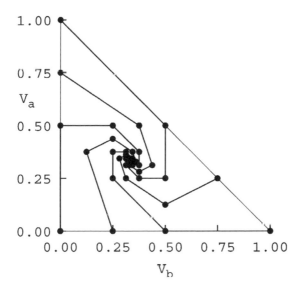

Abbildung 6.9: Entwicklung der Kontostände von Alice, V_a, und von Bob, V_b, mit der Zeit. Der Kontostand von Charles ergibt sich aus $V_c = 1 - V_a - V_b$. Sie streben alle einem Attraktor zu.

eine kapitalistische Spielregel Ka angeben, die den Kommunismus rückgängig macht:

$$Ka : (V_a, V_b, V_c) \mapsto$$
$$\mapsto (V_a + V_b - V_c, -V_a + V_b + V_c, V_a - V_b + V_c).$$

Alice: Schauen wir, ob es stimmt. Ko machte $(1,0,0) \mapsto \left(\frac{1}{2}, \frac{1}{2}, 0\right)$, und tatsächlich gibt $Ka : \left(\frac{1}{2}, \frac{1}{2}, 0\right) \mapsto (1,0,0)$.

Charles: Schon wieder musst du das ganze Geld haben, aber ich kann dies allgemeiner zeigen:

$$Ko: (V_a, V_b, V_c) \mapsto$$

$$\mapsto \left(\frac{1}{2}(V_a + V_c), \frac{1}{2}(V_b + V_a), \frac{1}{2}(V_c + V_b) \right),$$

und daraus macht Ka:

$$\left(\frac{1}{2}(V_a + V_c + V_b + V_a - V_c - V_b), \right.$$

$$\frac{1}{2}(-V_a - V_c + V_b + V_a + V_c + V_b),$$

$$\left. \frac{1}{2}(V_a + V_c - V_b - V_a + V_c + V_b) \right) = (V_a, V_b, V_c).$$

Bei beliebiger Ausgangslage macht daher das Ka das Ko rückgängig.

Bob: Nur beim perfekten Kommunismus $\left(\frac{1}{3}, \frac{1}{3}, \frac{1}{3} \right)$ muss der Kapitalismus machtlos sein, denn auch Ko ändert nichts daran.

Alice: Tatsächlich lese ich $Ka: \left(\frac{1}{3}, \frac{1}{3}, \frac{1}{3} \right) \mapsto \left(\frac{1}{3}, \frac{1}{3}, \frac{1}{3} \right)$. Anderenfalls müsste Ka die Entropie S vermindern.

Charles: Tatsächlich, nach Wirkung von Ka haben wir

$$\begin{aligned} S &= 1 - (V_a + V_b - V_c)^2 - \\ &\quad -(-V_a + V_b + V_c)^2 - (V_a - V_b + V_c)^2 \\ &= 1 - V_a^2 - V_b^2 - V_c^2 - \\ &\quad -[(V_a - V_b)^2 + (V_b - V_c)^2 + (V_c - V_a)^2], \end{aligned}$$

also wird durch Ka die Entropie S um die eckige Klammer [. . .] vermindert.

Bob: Das ist ein lustiges Spiel, spielen wir es weiter. Was geschieht, nachdem Alice schon einmal das ganze Geld hat?

Alice: Ganz einfach, $Ka : (1, 0, 0) \mapsto (1, -1, 1)$, du musst also Schulden machen und das Geld Charles geben, und ich behalte mein Vermögen.

Bob: Ob der Kapitalismus dann wirklich so ein gerechtes System ist?

Charles: Apropos Gerechtigkeit, was macht dann S, das war ja bei $(1, 0, 0)$ schon Null.

Alice: S wird eben $1 - 1 - 1 - 1 = -2$. Positivität von S gilt nur, so lange es keine Schulden gibt.

Bob: Aber wo führt denn Ka dann weiter? Mir scheint $Ka : (1, -1, 1) \mapsto (-1, -1, 3)$ und noch einmal Ka macht dann $(-5, 3, 3)$. Dann bin ich ja auf einmal ganz reich und Alice hat fürchterliche Schulden.

Charles: In der nächsten Runde wirst du auf unsere Kosten noch reicher:

$$Ka : (-5, 3, 3) \mapsto (-5, 11, -5).$$

Und das nächste Mal wird es mit mir noch schlimmer:

$$Ka : (-5, 11, -5) \mapsto (11, 11, -21).$$

Alice: Ich glaube, wir brechen jetzt ab, wir sind in den Strudel des Turbokapitalismus geraten, der gewaltige Vermögensunterschiede aufbaut.

Bob: Ka muss das wohl. Es soll ja das Gegenteil von Ko bewirken, und Ko ebnet die Vermögensunterschiede ein. Auf unserer Abbildung bedeutet der Übergang zu Ka nur, dass wir von rechts nach links gehen. Wir können aber über die Ausgangslage zurück gehen, sofern wir die Skala der Vermögensstände in der Abbildung nach unten erweitern. Dies ist in Abbbildung 6.10 angedeutet, die Abbbildung 6.6 zu negativen Zeiten erweitert.

Akt II

Alice und Bob haben inzwischen geheiratet und sehen die finanzielle Situation daher aus einer anderen Perspektive. Sie haben ihre Vermögen zu einem Familienvermögen $V_f = V_a + V_b$ zusammengelegt, und jetzt geht es nicht mehr um drei Personen, sondern um zwei Familien, Alice + Bob und Charles.

Alice: Ich möchte einmal sehen, wie sich die kommunistische Evolution Ko und die kapitalistische Ka auf die Familienpolitik auswirkt.

Charles: Meinst du, es wäre gerechter, wenn das Geld gleich zwischen den Familien aufgeteilt wird oder dass jede Familie gemäß der Zahl ihrer Köpfe beteilt wird?

Bob: Ich möchte jedenfalls Letzteres, insbesondere, wenn wir einmal Kinder kriegen.

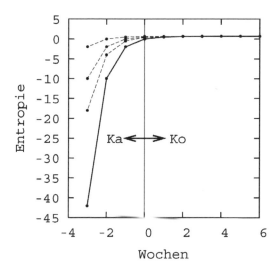

Abbildung 6.10: Zeitliche Entwicklung der Entropie durch
Ko in positiver Zeitrichtung, und durch Ka in negativer
Zeitrichtung. Die strichlierten Kurven entsprechen verschiedenen Kontoständen von Alice, Bob und Charles
zum Zeitpunkt 0. Die ausgezogene Kurve ist der im
Text diskutierte Fall $(1, 0, 0)$.

Charles: Wozu hast du dann geheiratet? Ich möchte das
nicht und schlage vor, wir bemessen den Wert einer
Verteilung mit dem Familien-Analogon

$$S_f = 1 - V_f^2 - V_c^2$$

zur bisherigen Entropie. Bei den Physikern ist sie unter dem Namen „grobkörnige Entropie" oder „Entropie reduziert auf ein Subsystem" beliebt. Sie ist

235

wieder 0, wenn eine Familie alles hat, und nimmt ihren Maximalwert 1/2 für die Verteilung $(V_f, V_c) = \left(\frac{1}{2}, \frac{1}{2}\right)$ an.

Bob: Ich glaube, du willst uns da übers Ohr hauen, denn ich habe einmal gelesen, dass die grobkörnige Entropie immer zunimmt, also alles der Verteilung $\left(\frac{1}{2}, \frac{1}{2}\right)$ zustrebt, und die mag ich nicht.

Alice: Du darfst nicht immer alles glauben, der Beweis für die Zunahme der grobkörnigen Entropie muss sicher löchrig sein. Schon die gewöhnliche Entropie nimmt ja unter Ka ab.

Bob: Tatsächlich. Wenn du am Anfang nur $\frac{1}{4}$ von V_f hast und ich daher $\frac{3}{4}$, und wir zusammen alles, $V_f = 1$, dann muss Charles ja nach Ka Schulden machen und mir das Geld geben, denn

$$Ka : \left(\frac{1}{4}, \frac{3}{4}, 0\right) \mapsto \left(1, \frac{1}{2}, -\frac{1}{2}\right),$$

also für die Familienkonten

$$Ka : (1, 0) \mapsto \left(\frac{3}{2}, -\frac{1}{2}\right).$$

Das heißt die Familienentropie verschwindet am Anfang, $S_f = 1 - 1 = 0$, wir haben ja alles, und Ka macht dann daraus

$$1 - \left(\frac{3}{2}\right)^2 - \left(-\frac{1}{2}\right)^2 = -\frac{3}{2},$$

sie nimmt also wirklich ab.

Charles: Das geht sogar mit Ko, ohne dass ich Schulden machen muss. Fangen wir an, wenn ich eine Hälfte habe, Alice die andere, und du nichts. Nach Ko wird daraus

$$Ko : \left(\frac{1}{2}, 0, \frac{1}{2}\right) \mapsto \left(\frac{1}{2}, \frac{1}{4}, \frac{1}{4}\right).$$

Die Familienvermögen entwickeln sich also wie

$$Ko : \left(\frac{1}{2}, \frac{1}{2}\right) \mapsto \left(\frac{3}{4}, \frac{1}{4}\right),$$

und daher verändern sich die Familienentropien

$$\text{von} \quad 1 - \left(\frac{1}{2}\right)^2 - \left(\frac{1}{2}\right)^2 = \frac{1}{2}$$

$$\text{zu} \quad 1 - \left(\frac{3}{4}\right)^2 - \left(\frac{1}{4}\right)^2 = \frac{3}{8} < \frac{1}{2}.$$

Bob: Also der Kommunismus begünstigt doch größere Familien.

Alice: Du musst nicht gleich alles politisch sehen. Du kannst es auch so interpretieren, dass bei Betrachtung nur eines Teilaspekts auch Ordnung entstehen kann. Auf deine Art das zu zeichnen, ist dies ja leicht zu sehen.

Charles: Aber sie muss nicht. Hat Bob etwa am Anfang alles, macht Ko daraus $Ko : (0, 1, 0) \mapsto \left(0, \frac{1}{2}, \frac{1}{2}\right)$, also für die Familien $Ko : (1, 0) \mapsto \left(\frac{1}{2}, \frac{1}{2}\right)$, oder $S_f = 0$ geht durch Ko über in $S_f = \frac{1}{2}$. Die Familienentropie kann also unter Ko auch wachsen.

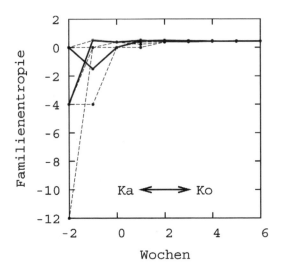

Abbildung 6.11: Zeitliche Entwicklung der Familienentropie S_f für verschiedene Anfangsverteilungen der Kontostände von Alice–Bob und von Charles. Hier sind die Kontostände der Abbildung 6.3 in die Vergangenheit (negative Zeiten) erweitert.

Bob: Das hängt jedoch davon ab, wie Alice und ich mir V_f aufteilen. Wäre am Anfang alles auf sie geschrieben, hätten wir durch $Ko : (1, 0, 0) \mapsto \left(\frac{1}{2}, \frac{1}{2}, 0\right)$, V_f würde sich also nicht ändern, und S_f bliebe 0.

Charles: Das zeigt also, dass sich Ko nicht auf ein Spiel reduzieren lässt, das eine Familienverteilung (V_f, V_c) in eine andere überführt. Sie ist ja in beiden Fällen gleich, aber Ko macht was Verschiedenes daraus, je nachdem wie ihr V_f aufteilt.

Alice: Mir scheint, dass sogar Ka, das ja S immer vermindert hat, sogar S_f vergrößern kann. Fangen wir mit der Aufteilung $\left(\frac{3}{4}, \frac{1}{4}, 0\right)$ an. Unter Ka wird daraus $\left(1, -\frac{1}{2}, \frac{1}{2}\right)$, also für die Familien $Ka : (1, 0) \mapsto \left(\frac{1}{2}, \frac{1}{2}\right)$, das heißt, das minimale $S_f = 0$ wird durch Ka in das maximale $S_f = \frac{1}{2}$ übergeführt.

Bob: Das ist alles sehr verwirrend, und ich verstehe jetzt überhaupt nichts mehr.

Alice: Ist doch klar! Wenn Ko in beiden Richtungen wirken kann, S_f vergrößern oder verkleinern, dann kann es auch die umgekehrte Transformation Ka.

Charles: Die einzige Lehre, die wir daraus ziehen können ist, dass bei Betrachtung von Subsystemen auch Ordnung entstehen kann, dies widerspricht nicht der Vermehrung der Gesamtentropie.

Akt III

Alice und Bob sind einstweilen schon wieder geschieden und stehen auf eigenen Beinen. Der Familiensinn ist geschwunden, aber alle drei lieben noch ihr hübsches Spiel.

Bob: Schauen wir, ob wir ein Spiel erfinden können, wo es weder die ewige Gleichmacherei gibt, noch dass alles außer Kontrolle gerät.

Alice: Auch sollten wir ohne Schuldenmachen auskommen.

Charles: Nehmen wir uns an der biologischen Evolution ein Beispiel. Da schlägt ja auch das Glück dem

Tüchtigen, aber die Bäume wachsen nicht in den Himmel.

Alice: Ich habe einmal gelesen, dass dabei die Evolutionsgleichung nicht linear sein sollte.

Bob: Das klingt fürchterlich kompliziert, also bitte höchstens etwas Quadratisches.

Alice: Solche Spielregeln können aber nicht die Thermodynamik beschreiben. Wenn dann einer das ganze Geld hat, wird er diesen Zustand stabilisieren und die Entropie wird nicht mehr anwachsen.

Charles: Dafür wird eine andere Größe, die ich Fitness nennen möchte, zumindest nie abnehmen. Sie ist, was einer einzusetzen wagt.

Bob: Also sagen wir, es herrschen folgende Spielregeln: Jeder setzt einen gewissen Bruchteil seines Vermögens ein, die Spekulation gelingt tatsächlich, und der Einsatz verdoppelt sich. Nach diesem Erfolg geht es in die nächste Runde.

Alice: Du meinst also, wenn ich am Anfang V_a habe, spekuliere ich mit etwa $\frac{1}{4}V_a$ und mir verbleiben $\left(1 - \frac{1}{4}\right)V_a$ und am Ende der ersten Runde hat sich mein Einsatz verdoppelt und ich habe $\left(1 - \frac{1}{4}\right)V_a + 2 \times \frac{1}{4}V_a = \left(1 + \frac{1}{4}\right)V_a$. Das, was du meine Fitness nennst, ist also das, was ich letztlich gewinne, $V_a/4$.

Bob: Wenn das so ist, dann setze ich mit $V_b/3$ ein.

Charles: Und ich gleich mit $V_c/2$.

Alice: Kinder, so geht das nicht, denn unser oberstes Gebot war, das Gesamtvermögen muss 1 bleiben, sonst gibt es nur eine sinnlose Inflation.

Bob: Dann gibt es also nach jeder Runde eine Abschöpfung, und das Gesamtvermögen stimmt wieder.

Charles: Eure Einsätze ergeben die Gesamtfitness

$$F = \frac{1}{4}V_a + \frac{1}{3}V_b + \frac{1}{2}V_c.$$

Und wenn ich den Bruchteil F eines jeden Vermögens abschöpfe, muss sich die Gesamtbilanz gerade ausgehen.

Alice: Wieso weißt du das?

Charles: Weil ich so gut rechnen kann. Unsere Evolutionsregel E sieht ja so aus: Wenn einer mit dem Bruchteil s seines Vermögens spekuliert, hat er in der nächsten Runde $V(1+s)$ an Vermögen. Bei uns gibt es am Ende der ersten Runde nach Abschöpfung die drei Kontostände

$$V_a\left(1 + \frac{1}{4}\right) - V_a\left(\frac{1}{4}V_a + \frac{1}{3}V_b + \frac{1}{2}V_c\right),$$

$$V_b\left(1 + \frac{1}{3}\right) - V_b\left(\frac{1}{4}V_a + \frac{1}{3}V_b + \frac{1}{2}V_c\right),$$

$$V_c\left(1 + \frac{1}{2}\right) - V_c\left(\frac{1}{4}V_a + \frac{1}{3}V_b + \frac{1}{2}V_c\right).$$

Zähle ich die neuen Vermögensstände zusammen, bekomme ich

$$V_a + V_b + V_c + \frac{1}{4}V_a + \frac{1}{3}V_b + \frac{1}{2}V_c -$$
$$-(V_a + V_b + V_c)\left(\frac{1}{4}V_a + \frac{1}{3}V_b + \frac{1}{2}V_c\right).$$

Ist am Anfang das Gesamtvermögen $V_a + V_b + V_c = 1$, dann auch nach der ersten Runde,

$$1 + \left(\frac{1}{4}V_a + \frac{1}{3}V_b + \frac{1}{2}V_c\right)(1-1) = 1,$$

und somit ist nach jeder Runde das Gesamtvermögen $= 1$, ganz gleich was die Anfangsverteilung war.

Zwischenruf der Regie: Bravo, du hast die Diskretisierung der Fisherschen Evolutionsgleichung gefunden. Für Ronald Fisher waren die Spieler Populationen und die V's waren deren Größe und nicht Vermögen. Die Evolution sollte die natürliche Auslese wiedergeben, und er hat sich gefreut, als er fand, dass durch seine Gleichung die mittlere Fitness immer zunahm.

Alice: Wieso weißt du das? Bist du sicher, dass wir nicht wieder in das Schuldenmachen kommen?

Charles: Bestimmt nicht. Die Gesamtfitness ist sicher kleiner als eins, sogar $\frac{1}{4}V_a + \frac{1}{3}V_b + \frac{1}{2}V_c \leq 1/2$ für alle Verteilungen der V's mit Summe eins, so dass die Devaluation nie das Vermögen überwiegen kann.

Bob: Und trotz deiner Tüchtigkeit kannst du der Dumme

sein. Hab ich einmal das ganze Geld, so bleibt es dabei, denn: $(0, 1, 0) \mapsto \left(0, 1 + \frac{1}{2} - \frac{1}{2}, 0\right) = (0, 1, 0)$.

Alice: Aber für mich gilt dasselbe:

$$(1, 0, 0) \mapsto \left(1 + \frac{1}{3} - \frac{1}{3}, 0, 0\right) = (1, 0, 0).$$

Charles: Für mich gilt es auch, hier stockt die Evolution. Allgemein nimmt aber die Gesamtfitness zu. Nach der ersten Runde wird die Gesamtfitness

$$\frac{1}{4}V_a\left(1 + \frac{1}{4}\right) + \frac{1}{3}V_b\left(1 + \frac{1}{3}\right) + \frac{1}{2}V_c\left(1 + \frac{1}{2}\right) - \\ - \left(\frac{1}{4}V_a + \frac{1}{3}V_b + \frac{1}{2}V_c\right)^2 \geq \frac{1}{4}V_a + \frac{1}{3}V_b + \frac{1}{2}V_c,$$

wobei Gleichheit nur gelten kann, wenn ein V gleich eins ist und die anderen gleich null sind. Nur wenn einer das ganze Geld hat, bleibt somit die Fitness stehen.

Bob: Die gierige Verteilung, wo einer alles hat und die anderen nichts, ist glücklicherweise nur eine vereinzelte Erscheinung.

Charles: Genau. Sonst nimmt die Gesamtfitness immer zu. Man sieht das am besten, wenn wir wie in Abbildung 6.1 (siehe S. 217) das ganze in meinem Dreieck eintragen. Da streben ja alle Punkte der Verteilung zu, bei der ich alles habe (Abbildung 6.4, siehe S. 222).

Alice: Das bedeutet also, dass sich das Vermögen eines

Reichen immer mehr dem Gesamtvermögen 1 annähern muss. Dieses Spiel hast du dir ja schön ausgedacht.

Charles: Wer wagt, gewinnt.

Die Spiele haben gezeigt, dass sich sowohl Regeln, die zur Unordnung führen, als auch Regeln, nach denen Ordnung entsteht, mathematisch fassen lassen. Es gibt also Mechanismen, die geordnete Strukturen erzwingen, aber wann sind sie wirksam, und wann das natürliche Streben zum Chaos?

6.3 Geheimnisse des Wassers

Uns erscheint Wasser alltäglich, und wir ahnen nicht, wo es seinesgleichen überragt.

Die Verbindung H_2O hat außergewöhnliche Eigenschaften, durch die sie zu unserem Lebenselixier wird. Man wird sich fragen, wo da schon ein Geheimnis stecken kann, jede H_2X-Verbindung hat ein X-Atom, und zwei H-Atome. Von der Struktur her kann der Unterschied nur darin liegen, welchen Winkel die beiden Verbindungslinien zwischen dem X und den beiden H-Atomen miteinander einschließen. Beim Wasser ist er $104°$, also ziemlich stumpf, aber davon hängt tatsächlich unser Wohl und Wehe ab. Bei den meisten H_2X ist er spitzer, und sie haben nicht diese lebenserhaltenden Eigenschaften. Woher dies kommt, dem wollen wir im Folgenden nachgehen.

Die Wassermoleküle muss man nur ein wenig ausweiten, um aus ihnen eine der einfachsten Kristallformen, die Tetraederstruktur, zu bauen. Ein Tetraeder besteht

aus vier identischen gleichseitigen Dreiecken. Er hat vier
Eckpunkte, die durch sechs Kanten verbunden werden.
Je zwei aneinanderliegende schließen einen Winkel von
$60°$ ein. Die H_2O Moleküle fügen sich nun so ein, dass
das O-Atom im Zentrum des Tetraeders sitzt, und die
zwei H-Atome an verschiedenen Ecken. In der kristallinen
Phase, dem Eis, wird nun jede Seite wieder als Seite des
nächsten Tetraeders benützt, und jeder Eckpunkt dient
sechs Tetraedern. Mit der Winkelsumme geht dies gerade
aus, denn $6 \times 60° = 360°$.

 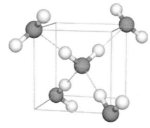

(a) Tetraeder, der einem   (b) Idealisierte Tetraeder-
Würfel eingeschrieben ist.   struktur des Wassers.

Abbildung 6.12

Die Frage ist nun, wie sich das mit dem Winkel zwischen
den beiden H und O ausgeht, wenn das O in der Mitte
des Tetraeders sitzt. Natürlich könnte man diesen Winkel
am Computer ausrechnen, doch für den mathematischen
Ästheten ist das nicht der richtige Weg. Für den ist die
Eleganz der Gedankenführung das wichtige, der Weg das
Ziel. Hier gibt es ein sehr schönes Argument, wie man
dieses knifflige geometrische Problem schmerzlos lösen
kann. Bezeichnen wir die Verbindungsgeraden zwischen
dem Zentrum des Tetraeders und den Ecken mit v_1, v_2, v_3

und v_4, dann können wir diese Größen durch Aneinander-
fügen auf natürliche Weise addieren, sie sind „Vektoren".
Dass das Zentrum der Schwerpunkt ist, drückt sich durch
$v_1 + v_2 + v_3 + v_4 = 0$ aus; sie halten sich gegenseitig die
Waage. Zwischen zwei Vektoren u, v gibt es auch eine Mul-
tiplikation, das so genannte „Skalarprodukt". Es wird $(u|v)$
geschrieben und hat die Bedeutung der Länge der senkrechten Projektion von v auf u mal der Länge von u. Es
ist symmetrisch und distributiv, das heißt $(u|v) = (v|u)$,
und $(u|v + w) = (u|v) + (u|w)$.

Damit haben wir schon das Werkzeug zur Lösung unserer Aufgabe: Das Skalarprodukt eines Vektors mit sich
selbst ist offenbar das Quadrat seiner Länge, also gilt
$(v_1 + v_2 + v_3 + v_4|v_1 + v_2 + v_3 + v_4) = 0$. Jetzt verwenden wir die Distributivität und multiplizieren wie bei
gewöhnlichen Zahlen aus. Ferner sind alle vier Vektoren
gleich gut, insbesondere $(v_1|v_1) = (v_2|v_2)$, und so weiter,
alle haben die gleiche Länge. Es sind sogar die Produkte
von zwei beliebigen v's gleich, alle sind gleichberechtigt:
$(v_1|v_2) = (v_1|v_3)$, und dasselbe gilt für alle anderen Paare.
Wenn wir die Summe aller vier Vektoren mit sich selbst
multiplizieren, bekommen wir insgesamt $4 \times 4 = 16$ Sum-
manden. Vier sind die Produkte von jedem v mit sich
selbst; sie sind alle gleich, und wir können diese Längen
als Einheitsmaßstab wählen. Die restlichen Produkte von
je zwei verschiedenen v sind auch alle gleich, wir nennen
sie c (c steht für den Cosinus des Winkels zwischen zwei
Vektoren, damit soll der Leser aber nicht belastet werden).
c hat die Bedeutung der Länge der Projektion eines der v's
auf ein anderes, liegt daher zwischen -1 und +1. Negatives
c bedeutet einen stumpfen, positives c einen spitzen und
$c = 0$ einen rechten Winkel. Dass die Summe aller v's die

Länge Null hat, sagt uns daher $0 = 4 + 12c$, und somit bekommen wir

$$c = -1/3 = -0.3333\ldots$$

Der Winkel zwischen zwei v ist also stumpf. Im Fall des Wassermoleküls ist diese Projektion in Wirklichkeit gleich $-0.241922\ldots$. Es muss also nicht stark verbogen werden, um sich in einen Tetraeder einzufügen. Bei einem Molekül mit einem spitzen Winkel wäre dazu schon ein Gewaltakt nötig. Bei vielen H_2X-Molekülen stehen die beiden H-Äste etwa senkrecht auf einander, der Winkel ist bei H_2S gleich $92.2°$, bei H_2Se gleich $91°$, und bei H_2Te $90°$, c also immer fast Null. Alle diese Verbindungen eignen sich daher nicht so gut zum Bau von Tetraedern.

Was liegt uns eigentlich an Tetraedern? Sie geben Eis und Wasser ihre lebensfreundliche Struktur. Die Tetraederstruktur ist ziemlich locker; man kann dieses Gitter schon durch kleine Veränderungen aufbrechen und das Eis zu Wasser schmelzen. Ja, auf kleine Distanzen ist die Wasserstruktur gar nicht so verschieden von Eis, die Tetraeder bleiben ziemlich intakt. Es kommt dabei aber vor, dass durch die thermische Bewegung noch Wassermoleküle in Zwischenräume hineinschlüpfen und die Dichte im geschmolzenen Zustand etwas größer ist als im festen. Beim Wasser tritt dies bekanntlich bis zu $4°$ C ein, und dem verdanken wir unsere freien Gewässer. Wäre dem nicht so, würde das Eis ja auf den Grund sinken, wäre dort thermisch isoliert und würde nicht weiter schmelzen. So frören dann im Lauf der Zeit alle unsere Gewässer von unten aus, und von unseren herrlichen Meeren blieben nur riesige Eisklumpen mit etwas Schmelzwasser an der Oberfläche.

Es ist schwer zu sagen, wie sich das Leben unter solchen Umständen entwickeln würde, aber es hätte es sicher viel schwerer gehabt. Was so ein kleiner Winkelunterschied nicht für schwerwiegende Folgen haben kann!

Das Beibehalten der Tetraederstruktur im Kleinen führt auch dazu, dass Schmelzpunkt und Siedepunkt von Wasser viel höher liegen als bei vergleichbaren Substanzen. Auch die Verdampfungswärme von Wasser liegt über der anderer H_2X-Verbindungen, ein Anzeichen dafür, dass die Wassermoleküle doch ziemlich zusammengeheftet sind. So kommt es, dass auf der Erde das Wasser gut verfügbar ist; es ist nicht alles verdampft wie auf der Venus. Andererseits ist nicht alles ausgefroren wie auf dem Mars. Man könnte sagen, dass man dafür nicht eine gütige Vorsehung braucht. Wäre es anders, müsste man ja nur zur Entstehung des Lebens auf einen anderen Planeten ausweichen, oder andere Substanzen verwenden. Es ist schwer, rein theoretisch zu sagen, wie gut dies funktionieren würde. Deswegen ist ja die geplante Marslandung so spannend, denn dann wird man sehen, ob Leben auch unter ganz anderen Umständen entstehen konnte.

Die geometrische Anomalie des Wassers hat noch subtilere Konsequenzen. Die spezifische Wärme, also die Energie, die es speichert, wenn es um ein Grad erwärmt wird, ist größer als bei allen anderen Flüssigkeiten. In Einheiten von cal/g ist sie 1.00. Im Vergleich dazu hat Glyzerin: 0.57, Benzol: 0.40, Olivenöl: 0.47. Durch die hohe spezifische Wärme werden die Weltmeere ideale Wärmespeicher, sie sorgen für ein ausgeglichenes Klima. Auch dafür, dass die Meere nicht zu schnell verdunsten, ist gesorgt; die Verdampfungswärme von Wasser ist anomal groß. Wieder in cal/g ist sie 538; im Vergleich dazu bei Schwefel 70, bei Ammoniak 327, bei Äthanol 204, bei Quecksilber 68. Die Verdunstungswärme verwenden wir alle als wirkungsvolles Kühlmittel; wir schwitzen, um durch Verdunstung Wärme los zu werden. So bedient sich jeder an den Zauberstücken des Wassers. Der Wasserläufer an seiner hohen Oberflächenspannung; seine überdurchschnittlich hohe Dielektrizitätskonstante begünstigt hohe Ionendichten, die für viele biochemische Mechanismen wichtig sind. Das Loblied des Wassers hätte noch viele Strophen, wird aber mit der Zeit ermüdend.

Das Leben ist wie eine Pflanze, die sich an kleinen Anomalien empor rankt. Dadurch kann es aber große Anomalien schaffen, die dem Leben neuen Zündstoff bringen.

Etwa der Sauerstoff in unserer Atmosphäre ist eine Anomalie, die vom Leben geschaffen wurde, und dann das Leben auf dem Lande und somit unsere Existenz ermöglicht hat. Im nächsten Kapitel werde ich eine Vision besprechen, die erahnen will, dass der Höhenflug des Lebens sogar einmal den planetarischen Rahmen sprengen und den Kosmos erobern wird.

7 Das anthropische Prinzip – oder könnte man das Universum patentieren?

Damit Leben entstehen kann, müssen in der Evolution des Universums eine Unzahl von Zufällen zusammenpassen.

Lassen wir noch einmal das gewaltige Schauspiel der Entstehung der Welt an uns vorbeiziehen:

Ein winziger Funke in einem embryonalen Raum erfüllt von einer Ursubstanz, dunkle Energie mit negativem Druck, brachte alles ins Rollen. Durch die von ihm erzeugte Abstoßung blähte sich dieser Raumsplitter auf, doch diese Ursubstanz regenerierte sich überall, so dass immer mehr von diesem Wunderzeug entstand. Dies steigerte die Abstoßung ins Unermessliche, und die Ausdehnung wurde zur Explosion unvorstellbarer Gewalt, zum Urknall. Er sprengte die Schleusen zur Unterwelt immer weiter auf, und ließ die Materie hervor schießen. Daraus wurden dann unsere heutigen Teilchen, 10^{88} an der Zahl. Diese Materie hatte Energie und nur positiven Druck, so dass sie der Ursubstanz das Steuer aus der Hand nahm, und die Explosion abbremste. Doch diese hatte schon so viel Schwung, dass die Ausdehnung noch 10^{10} Jahre andauern sollte. Von der Schönheit der Unterwelt sehen wir nur mehr einen Abglanz; ihre Symmetrie wurde durch den Urknall zerfetzt, zerbrochen. Die vereinende Kraft wurde in vier Kräfte aufgesplittert, die sich immer mehr einander entfremdeten.

Die Massen der Fundamentalteilchen scheinen ganz ungeordnet wie bei unsortiertem Schrott. Vielleicht ist sogar unser dreidimensionaler Raum nur ein Fetzen von einem Urraum größerer Dimension und Symmetrie. Die meisten der entstandenen Strukturen verbrannten weiter, und nun wurde der Raum von einer feinen Asche von Photonen und Neutrinos dominiert. Aber in diesem Hintergrund verblieb doch etwas, was der Stammvater der chemischen Elemente werden soll: Atomkerne, und zwar 75% Wasserstoff, 25% Helium, schwach gewürzt mit einigen etwas schwereren Atomkernen und die elektrischen Ladungen aller Kerne durch Elektronen neutralisiert. Das Wunder war geschehen, diese scheinbar regellosen Bruchstücke fügten sich ineinander und wurden zum Fundament der Materie.

Bisher sind erst drei Minuten vergangen, und bis die Materie fertig gekocht sein wird, wird das noch lange dauern. Milliarden Jahre, aber der Urknall hatte genug Triebkraft, so dass wir nicht in Zeitnot kommen werden und vorher alles zusammenbricht.

Während sich das Universum weiter ausdehnt und erkaltet, geht die Gravitation gemächlich ans Werk. Sie ballt die Gaswolken zusammen. Je größer ein solcher Kondensationskern wird, desto mehr Materie stürzt hinein. Zunächst verwehrt der Hitzedruck weitere Konzentration, doch Hitze wird abgestrahlt und die Schwerkraft dominiert, so dass der Föhnsturm weiter anschwillt, bis endlich ganz im Inneren 20 Millionen Grad herrschen. Nach Millionen von Jahren zündet dann die Reaktion $P + P \rightarrow D + e^+ + \nu$, und ein Stern ist geboren. Doch niemand ist da, der sich an diesem Sonnenschein erfreuen könnte. Die Welt besteht nur aus Wasserstoff und Helium, und das ist zu karg für Leben.

Ab nun wird auf Sparflamme gekocht, nur mehr so viel Energie wird abgestrahlt, wie das Kernkraftwerk zu erzeugen vermag. Für Milliarden von Jahren ist somit der Energiehaushalt ausgeglichen. Doch alles erschöpft sich einmal, und wenn diese Energiequelle versiegt, fängt das Spiel mit der negativen spezifischen Wärme wieder an. Der Stern lebt dann von seinen gravitativen Energiereserven, will er strahlen, muss er schrumpfen und sich mehr erhitzen, bis weniger leicht entflammbarer Brennstoff zündet. So werden der Reihe nach die Stoffe gebraten, die einmal das Leben tragen werden. Kohlenstoff, Stickstoff, Sauerstoff usw. bis zum Eisen. Nach Milliarden von Jahren ist das Mahl bereit.

Doch wer öffnet den Backofen? Auch dafür hat der Herr gesorgt. Der Stern öffnet sich von selbst, er birst, in einer gigantischen Supernova wird der kosmische Dünger ins All geschleudert.

Dann beginnt das Spiel von neuem: Kosmische Gasmassen ballen sich zu Gestirnen, doch diesmal sind sie schwanger mit schwereren Elementen, die bei dem Kondensationsvorgang ausfallen und kleinere Planeten bilden. Irgendwo ist auch einer, bei dem auch sonst alles stimmt: Stabilität der Bahn und daher des Klimas, Temperatur, sodass Wasser zwischen fest, flüssig und gasförmig pendeln kann; genügend viel Wasser und andere Gase; aber nicht zuviel davon, damit der Treibhauseffekt nicht alles verschmort. Dann kann ganz behutsam nach einer Milliarde Jahren ein wundersames System entstehen: Die erste lebende Zelle. Doch sie ist noch zu selbstsüchtig und möchte nur sich selbst perfektionieren. Daher gerät sie für weitere drei Milliarden Jahre in eine sterile Sackgasse.

Dann finden sich endlich welche, die erkennen, dass

manchmal Kooperieren besser ist als Konkurrieren. Sie geben Teile ihrer Autonomie auf, und werden so zu leistungsfähigeren Gebilden: den Mehrzellern. Das neue System greift wie ein Feuersturm über die ganze Erde, und es bilden sich immer neue Arten und Varianten. Sie werden durch den Konkurrenzdruck immer größer, schneller und stärker, bis schließlich die Schwerkraft der Weiterentwicklung in dieser Richtung einen Riegel vorschiebt. Dadurch erstarrt dieses System wieder für einige hundert Millionen Jahre, aber die Saurier erfüllen nicht die Absicht des Herrn, sie verstehen seine Sprache nicht. Also rottet der Herr dieses Gezücht aus, er wirft vor 65 Millionen Jahren einen Iridium-Asteroiden auf die Erde und zerstört die Lebensgrundlage dieser Anmaßenden. Dann beginnt alles von vorne, kleinere Tiere werden durch einen Klimawechsel vom Dschungel in die Savanne getrieben, und der härtere Überlebenskampf schärft ihre Sinne, so dass sie das entwickeln, was der Herr heraus meißeln wollte: Den Geist. So erkennen sie seine Gesetze und dünken sich als sein Ebenbild: Der Mensch.

Wen mag diese großartige Story unberührt lassen; aber was lehrt sie uns?

Die Lehre davon wird das anthropische Prinzip genannt. Es besagt, dass an den Scheidewegen in der Entwicklung des Alls immer eine solche Wendung eingeschlagen wurde, dass der Mensch letztlich entstehen möge. Wir bekamen dies ja vielfältig illustriert, und scherzend könnte man es so beschreiben: Wollte jemand das Universum patentieren, so würde er am Patentamt sofort abgewiesen werden. Die Begründung wäre, dass so ein komplizierter Mechanismus, der nur funktioniert, wenn so viele Zufälle aufeinander abgestimmt sind, in Wirklichkeit immer schief gehen wird.

Das anthropische Prinzip wird in drei Stärkegraden gehandelt:

I. Das schwache anthropische Prinzip: Wir sehen im Kosmos immer alles so gewendet, dass wir entstehen können.

II. Das starke anthropische Prinzip: Der Kosmos muss sich so entwickeln, dass der Mensch entsteht.

III. Das finale (oder eschatologische) anthropische Prinzip: Die Naturgesetze sind so, dass der Mensch schließlich das ganze All besiedeln kann.

Bemerkungen:

ad I. Fast eine Tautologie, denn wäre das Universum in unserer Umgebung nicht lebensfreundlich, könnten wir es ja nicht betrachten. Obgleich notwendigerweise richtig, wird sogar die schwache Form gelegentlich mit Skepsis aufgenommen.

ad II. Was heißt „muss"? Wer würde Fehlentwicklungen bestrafen? Soll das „muss" etwa „will" heißen?

ad III. Eine großartige Vision, obgleich sie uns jetzt völlig utopisch erscheint. In ihr ist in der kosmischen Evolution der menschliche Geist nicht nur ein kleines Fünkchen, das gleich wieder verlischt, sondern er zündet einen Brand, der schließlich den ganzen Kosmos verzehren kann. Unter den Naturgesetzen sind wohl die physikalischen Gesetze gemeint. Die Frage ist nur, ob sie die Grenzen für die menschliche Entwicklung darstellen, oder ob es eher psychologische Faktoren wie Selbstsucht, irrationale Ängste, Selbstüberschätzung usw. sind, die unser Schicksal über Milliarden Jahre bestimmen.

Man kann das anthropische Prinzip auf verschiedene Weisen auffassen: Einerseits kann man darwinistisch vorgehen und sagen, solche Fünkchen, wie sie den Urknall auslösten, gab es unzählige Male, daher auch so viele Welten, und bei einer hat eben alles gestimmt und das ist unsere. Logisch ist dies wohl möglich, jedoch von all diesen anderen Welten sehen wir keine Spur. In der Wissenschaft werden aber Objekte, die man überhaupt nicht beobachten kann, als ideologischer Ballast empfunden und mit der Zeit abgeworfen. Daher wollen viele diese Erklärung nicht gelten lassen. Aber vielleicht sollte man diesem Vorschlag doch eine Chance geben, rein logisch ist er ja akzeptabel. Wenn es so viele verschiedene Urknalle gegeben hat, vielleicht gibt es in unserem Kosmos noch einige kleine Knalle, sozusagen Nachbeben nach dem großen Urknall. Tatsächlich sieht man in vielen Milliarden Lichtjahren Entfernung Ereignisse mit Energien, die eine Supernova um viele Tausende Male übertreffen. Das könnten vielleicht Kandidaten für kleinere Formen des Urknalls sein.

Andererseits kann man vermuten, dass das Prinzip der Selbstorganisation so allgemein ist wie das der Entropievermehrung, und auch unter ganz anderen Umständen, die uns lebensfeindlich erscheinen, können höher organisierte Wesen entstehen. Solche könnten etwa die Oberfläche eines erkalteten Neutronensterns bevölkern, wären dann aber mikroskopisch klein. Ich glaube aus folgendem Grunde nicht an ihre Existenz. Die Umlaufszeit von Teilchen im Kern ist 10^{-22} s, also zehn Zehnerpotenzen kürzer als die von normaler Materie. Entsprechend schneller müsste dort die biologische Evolution gehen und nicht 10^9 Jahre, sondern nur etwa einen Monat dauern. Da es schon vor Milliarden Jahren Supernovae gegeben hat, muss es auch so alte Neutronensterne geben. Gäbe es darauf Zivilisationen, müssten die schon längst den Gipfel ihrer Möglichkeiten, ihren Ω-Punkt, erreicht haben. Dann sollten sie auch ein Kommunikationsbedürfnis entwickelt haben, aber wir haben noch nie etwas von ihnen bemerkt.

Also rein rational können wir mit dem anthropischen Prinzip nicht viel anfangen. Auch zum Naturgesetz lässt es sich nicht erheben, es ist zu verschwommen und nicht mathematisierbar. Man verdankt ihm jedoch manche wissenschaftlichen Erfolge. So konnte etwa Fred Hoyle wegen des schwachen anthropischen Prinzips gewisse Eigenschaften des Atomkerns ^{12}C mit der Begründung vorhersagen, dass nur so die Synthese weiterer schwerer Atomkerne in den Sternen funktionieren könne. Ohne genauere Formulierung können wir nur eines feststellen: Der Kosmos scheint einem Drang zu folgen, immer komplexere Gebilde zu schaffen. Aber was soll Drang heißen? Die unbelebte Natur verspürt weder Drang noch Gefühl, sondern folgt nur Gesetzen, die eine höhere Macht diktiert. Eine solche Macht oder solche Mächte haben die Menschen zu allen Zeiten verspürt, und mit ihnen die verschiedensten Vorstellungen verbunden. Ich will daher im Folgenden auch von Gott sprechen, ohne allerdings zu versuchen, seine Natur zu ergründen. Ich will es nicht wagen, Ihn unter das Joch meiner menschlichen Logik zu zwingen und Ihn dogmatisch festzunageln. Nach dieser Vorbereitung kann ich versuchen, unsere Beobachtungen auf den Streifzügen durch das All in einer theistischen Version des anthropischen Prinzips zusammenzufassen.

Gott leitet die Entwicklung seiner Schöpfung so, dass sein Ebenbild, der Mensch, entstehen kann.

„Leitet" kann heißen, auf eine Weise, die uns als Zufall oder als Notwendigkeit erscheint. Ob wir aber die einzigen Ebenbilder, also wirklich die Krönung der Schöpfung sind, wissen wir nicht. Aber vielleicht ist das nicht so wichtig, jedenfalls haben wir eine privilegierte Stellung im Kosmos. Aber Privilegien verpflichten, und das uns geschenkte Wissen bringt nicht nur Erkenntnisse, sondern auch ethische Gebote. Nachdem wir den Willen Gottes erkannt haben, müssen wir unser Handeln danach richten. Ich will gar nicht soweit denken, ob wir dann in ein paar Milliarden Jahren die Prophezeiung des eschatologischen anthropischen Prinzips erfüllen, und das Gebot der Bibel so auffassen, dass wir uns das ganze All untertan machen. Wir haben dringendere Nahziele und der Ω-Punkt von Teilhard de Chardin in 40 Millionen Jahren wäre schon ein Geschenk.

Kehren wir zu unserer ursprünglichen Frage zurück, naiv formuliert lautet sie etwa:

Können wir die Evolution des Kosmos natürlich erklären, oder brauchen wir übernatürliche Intervention?

Unser Panorama der Evolution zeigte stets mathematisierbare Gesetze, die als solche die Zukunft durch die Gegenwart bestimmten. Doch selbst die Gegenwart ist nur mit einer endlichen Genauigkeit bekannt, also liegt auch die Zukunft in einem Unsicherheitsband. Ferner enthalten diese Gesetze von vornherein nicht bekannte Parameter, so dass auch die Lage dieses Unsicherheitsbandes nicht durch Grundgesetze fixiert ist. Unser Kosmos ist aber ein empfindliches Gebilde, und Erfolg und Misserfolg liegen dicht beisammen. Das Endprodukt, das jetzige Weltall, erscheint uns somit zufällig, sogar extrem unwahrscheinlich, denn für nur ganz seltene Werte dieser Parameter fügt sich alles harmonisch zusammen. Soweit die Fakten. Sie werden verschieden aufgenommen, hier scheiden sich die Geister. Versuchen wir drei Haltungen zu formulieren:

1. Vieles wird im Lauf der Entwicklung der Menschheit besser verstanden werden. Vielleicht haben wir einmal eine „theory of everything" die alles erklärt. Zur Zeit müssen wir das bisher Unverstandene als Tatsache hinnehmen.

2. Es sieht jetzt so aus, als wäre das Weltall unendlich groß. Dann könnten alle möglichen Werte der Naturkonstanten und Anfangsbedingungen in den verschiedenen Teilen des Kosmos realisiert sein. Wir leben an einer lebensfreundlichen Stelle. Um das zu erklären, brauchen wir nur auf das schwache anthropische Prinzip, fast eine Tautologie, hinzuweisen.

3. Die Naturgesetze sind durch einen Evolutionsprozess entstanden, und der hat notgedrungen zur gegenwärtigen lebensfreundlichen Ausformung des Kosmos geführt. Lee Smolin hat dafür den folgenden Mechanismus vorgeschlagen: Vielleicht ist die Singularität nach dem Gravitationskollaps nicht der endgültige Tod, sondern in der Quantengravitation wird daraus ein neuer Urknall, es erblüht eine neue Welt. Sie hat, bis auf kleinere Fehler, die Werte der Naturkonstanten von ihrer früheren Existenz geerbt.

Jedes Schwarze Loch bekommt so Nachfahren, deren Naturkonstante die Entstehung schwarzer Löcher bewirken. So vermehren sich solche Welten. Ein Kosmos mit davon ganz verschiedenen Konstanten hätte nicht einmal Sterne, auch keine schwarzen Löcher, und bliebe damit steril. Dadurch entstünde ein Superkosmos mit unzähligen Welten, aber es dominiert die Rasse derer, die schwarze Löcher zeugen können. Das sind aber auch die, in denen Leben möglich ist. In diesem Bild sind wir zwar noch immer ein Produkt des Zufalls, aber ein sehr wahrscheinliches, fast notwendiges Resultat der kosmischen Evolution. (Siehe weiter Anhang K)

Wir können daher auf unsere erste Frage, ob wir die kosmische Evolution natürlich erklären konnen, keine eindeutige Antwort geben, wir sind an ihr gescheitert. Wir können jetzt zwar viel erklären, was früher unverständlich schien, aber nur um den Preis, es auf neue wundersame Fakten zurück zu führen. Unsere Beschäftigung war jedoch nicht müßig, wir haben heute ein viel grandioseres Bild von der kosmischen Evolution als noch vor wenigen Jahrzehnten. Unser Weg war das Ziel, er hat uns an vielen Wundern der Natur vorbeigeführt und uns das Staunen über den aufs Feinste abgestimmten Bauplan des Universums gelehrt. Er hat uns die Augen geöffnet für die Aufgabe der Menschheit, die von kosmischer Relevanz ist. Als Herren der Erde wurde uns die Flamme des Lebens übergeben; werden wir sie verglimmen lassen, oder wird sie das ganze Universum überstrahlen?

Hier ist der ganze menschliche Geist, sind Wissenschaft und Religion gefordert.

Isaac Newton
im zwölften Lebensjahre

Anhang A

Begriffserklärungen

Chaos und Ergodizität: Das intuitive Gefühl eines Chaos kann für ein dynamisches System präzisiert werden. Die Dynamik besteht in der Vorgabe von Bahnen im Zustandsraum, wobei durch jeden seiner Punkte genau eine Bahn führt. So ein System heißt ergodisch, wenn die aus jedem kleinsten Gebiet des Raumes entspringenden Bahnen im Zeitmittel den gesamten Raum gleichmäßig überdecken. Es heißt chaotisch (oder mischend), wenn diese Überdeckung nicht nur im Mittel, sondern nach genügend langer Zeit beliebig gut erreicht wird.

Gamow-Faktor: Zwei positive Ladungen auf denselben Punkt zu setzen kostet unendliche Energie. In der Quantenmechanik geht es doch mit endlicher Energie, dies ist nur sehr unwahrscheinlich. Der Gamow-Faktor sagt gerade, wie groß die Wahrscheinlichkeit dafür ist.

Urknall: Der Kosmos erscheint wie das Resultat einer gewaltigen Explosion, die vor etwa 15 Milliarden Jahren die Urkeime aller Materie auseinander gerissen hat. Diese Explosion nennt man den Urknall.

Elementar- und Fundamentalteilchen: Zunächst waren es ihrer drei: Das Elektron (e), das die Atomhülle

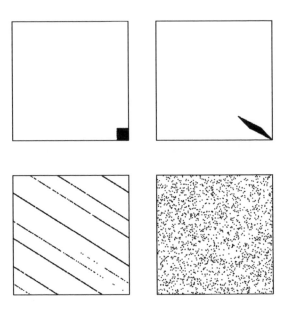

Abbildung A.1: Das einfachste Beispiel einer mischenden
Zeitentwicklung, sie dehnt in einer Richtung und staucht
in der dazu senkrechten. Der Raum ist das periodische
Quadrat, wenn man es auf einer Seite verlässt, kommt
man auf der gegenüberliegenden wieder herein. Das
linke Bild entspricht dem Ausgangszustand ($t = 0$). Die
folgenden Bilder erhält man nach einer, vier bzw. acht
Iterationen. In der Zeitentwicklung bleibt ein Punkt
ein Punkt und kann nicht alles überdecken. Ein Gebiet
kann aber so aufsplittern, dass es effektiv alles erfüllt.

bevölkert, das Proton (P), der Kern des Wasserstof-
fatoms, und das Photon, das Lichtquant (γ). Doch

dann bekam das Proton ein elektrisch neutrales Schwesterlein, das Neutron (N), und das Elektron ein positives Spiegelbild, das Positron (e^+). Weiters tauchten kurzlebigere Gestalten mit Massen zwischen Elektron und Proton auf, man nannte sie Mesonen. Aber je schneller man schauen gelernt hatte, desto mehr solcher Elementarteilchen fand man, bald wurden es über hundert. Dann hat das Standardmodell diesen Wildwuchs durchforstet, und alle durch drei Arten von Teilchen dargestellt: den Quarks, den Leptonen und den Eichbosonen. Da das Wort Elementarteilchen schon vergeben war, nannte man diese elementareren Bausteine Fundamentalteilchen.

Foucault'sches Pendel: Dieses Pendel ist reibungsfrei so aufgehängt, dass es in jeder Ebene schwingen kann. Durch die Drehung der Erde dreht sich nun für den Beobachter auf der Erde diese Schwingungsebene. Stünde das Pendel etwa am Nordpol, dann wäre seine Schwingungsebene in dem Bezugssystem, in dem sich die Erde dreht, fest; von der Erde aus gesehen dreht sich die Schwingungsebene also in 24 Stunden um 360°.

Von der Erde aus gesehen scheint eine Kraft auf das Pendel zu wirken, man nennt sie Coriolis-Kraft.

Rote Riesen: Hat ein Stern seinen Wasserstoff zu Helium verbrannt, dann wird sein Inneres dichter und heißer, bis die Temperatur erreicht ist, bei der das Helium weiter zu Kohlenstoff und Sauerstoff nuklear verbrennen kann. Die bei der Kontraktion gewonnene Gravitationsenergie bläht dann die äußeren Teile des Sterns auf, und sie kühlen sich dabei etwas ab. Der Stern wird dann riesengroß und außen kälter, dadurch röter. So erklärt sich der Name „roter Riese". Dieser Vorgang dauert aber viele Millionen Jahre und ist keine kosmische Katastrophe.

Compton-Wellenlänge und Planck-Einheiten: Die Lichtgeschwindigkeit c ordnet einer Länge L eine Frequenz f folgenderweise zu:

$$c = Lf \quad \text{oder} \quad f = c/L \quad \text{oder} \quad L = c/f.$$

Das Wirkungsquantum h seinerseits ordnet einer Frequenz f eine Energie so zu, dass ein Lichtquant dieser Frequenz eine Energie E besitzt:

$$E = hf \quad \text{oder} \quad f = E/h.$$

Ist E die Ruhenergie einer Masse m, $E = mc^2$, entspricht der Masse m eine Länge λ, die Compton-Wellenlänge,

$$\lambda = c/(mc^2/h) = h/mc.$$

Die Bedeutung von λ ist, dass ein Lichtquant dieser Wellenlänge genügend Energie hat, um ein Teilchen der Masse m zu erzeugen. Zu den Planck-Einheiten kommt man, wenn man nicht willkürlich eine Teilchenmasse auszeichnet, sondern durch die Gravitation eine universelle Planckmasse M_P definiert. Dies gelingt durch die Forderung, dass die Gravitationsenergie zweier Planckmassen mit dem Abstand ihrer Compton-Wellenlänge das negative ihrer Ruhenergie sein soll. In Gleichungen ausgedrückt:

$$GM_P^2/(h/M_Pc) = M_Pc^2 \quad \text{oder} \quad GM_P^2 = hc$$
$$\text{oder} \quad M_P = \sqrt{hc/G} \,.$$

Die Plancklänge ist diese Compton-Wellenlänge, und die Planckzeit die Zeit, die das Licht braucht, um sie zu durchlaufen.

Torus: Eine mathematische Konstruktion, die einen Kreis auf mehr Dimensionen verallgemeinert. Etwa in zwei Dimensionen ist er durch die Oberfläche einer „Doughnut" realisiert (periodisches Quadrat). Das Prinzip ist immer, wenn man in einer Richtung zu weit geht, kommt man auf der umgekehrten Seite wieder herein.

Bosonen und Fermionen: Es gibt zweierlei Arten von Elementarteilchen. Diese Teilchensorten haben ganz verschiedenen Eigenschaften, sie werden nach den Entdeckern ihres Verhaltens benannt. Ihre Unterscheidung liefert den wesentlichen Schlüssel zum Verständnis der Struktur der Materie.

Anhang B

Zehnerpotenzen

Name	Schreibweise	Zehnerpotenz
Zehn	$= 10$	$= 10^1$
Hundert	$= 100$	$= 10^2$
Tausend	$= 1000$	$= 10^3$, usw.

Zunächst sind dies nur verschiedene Ausdrucksweisen, aber um Papier zu sparen, wollen wir meist letztere Notation verwenden, denn 10^{17} ist kürzer als

$$100\ 000\ 000\ 000\ 000\ 000,$$

und dafür gibt es keine vernünftigen Namen mehr. Vielfach werden die Vorwörter femto $= 10^{-15}$, pico $= 10^{-12}$, nano $= 10^{-9}$, micro $= 10^{-6}$, milli $= 10^{-3}$, kilo $= 10^3$, mega $= 10^6$, giga $= 10^9$, tera $= 10^{12}$, peta $= 10^{15}$ verwendet, die Sprache des Alltags versagt hier. („ur", „super" und Steigerungen davon sind nicht durch Zahlen ausdrückbar.) Ich will aber dem Leser die Verwendung so komischer Vokabel ersparen und alles durch Zehnerpotenzen ausdrücken. Mit ihnen ist Multiplikation einfach Addition der Exponenten

$$10 \times 10 \ = \ 100, \quad \text{also } 10^1 \times 10^1 = 10^2$$
$$10 \times 100 \ = \ 1000, \quad \text{also} 1\ 0^1 \times 10^2 = 10^3,$$

allgemein $10^n \times 10^m = 10^{n+m}$. Dabei können n oder m

sogar negativ sein, $100 \times 1/10 = 10$, also $10^2 \times 10^{-1} = 10^1$ usw. n und m müssen nicht einmal ganzzahlig sein, und wir werden sogar $10^{0.5}$ verwenden. Diese Zahl mit sich selbst multipliziert soll also 10 ergeben, sie ist daher etwas mehr als 3, denn $3 \times 3 = 9$ ist schon fast 10. Aber damit ist es genug, was näher bei 1 ist wird zu 10^0 abgerundet und was näher bei 10 ist zu 10^1 aufgerundet.

Anhang C

Lord Kelvins Abschätzung des Sonnenalters mit modernen Begriffen

Der Gedankengang ist einfach: Werden Gasmassen durch die Schwerkraft zusammengeballt, verleiht sie ihnen eine Geschwindigkeit und bewirkt Wärmeenergie. Die erzeugt dann ein Photonengas, welches an der Sonnenoberfläche als Sonnenschein entweicht. Hat der die ganze Wärme abtransportiert, erlischt die Sonne.

Zuerst müssen wir die Gravitationsenergie der Sonne ermitteln. Sie ergibt sich daraus, dass zunächst Gasmassen von weit außerhalb der Sonne in sie stürzten und dabei entsprechend auf Geschwindigkeit gekommen sind. Deren kinetische Energie gleicht ihrer (negativen) Gravitationsenergie, ihre Summe darf sich ja nicht verändern. Fällt ein Körper von weit draußen auf die Sonne, so hat er bei der Erdbahn eine etwas größere Geschwindigkeit als die Geschwindigkeit der Erde beim Umlauf um die Sonne, letztere ist 30 km/s. Von dieser rasanten Fahrt spüren wir nichts, sie ergibt sich folgendermaßen:

Zwischenrechnung: Nach Definition ist

$$\text{Geschwindigkeit} = (\text{durchlaufene Strecke})/(\text{dafür benötigte Zeit}).$$

Die Umlaufbahn der Erde um die Sonne hat eine Länge

von 10^9 km und das Jahr $10^{7.5}$ s, so dass wir 10^9 km / $10^{7.5}$ s = $10^{1.5}$ km/s $\sim$ 30 km/s Umlaufgeschwindigkeit haben. Fällt der Körper weiter bis auf die Sonnenoberfläche, verzehnfacht sich seine Geschwindigkeit. Wieso?

Zwischenrechnung: Die potentielle Gravitationsenergie ist proportional zu

1/(Abstand von der Sonne).

Da der Sonnendurchmesser 1/100 des Abstandes Erde–Sonne ist (der Leser decke die Sonnenscheibe mit ausgestrecktem Arm [$\sim$ 1 m] mit dem Daumen [1 cm Dicke] ab), hat sich beim weiteren Fall an der Erde vorbei auf die Sonnenoberfläche der Abstand zur Sonne um ein Hundertfaches verringert. Also nimmt die potentielle Energie um etwa 100 zu. Um denselben Betrag muss sich seine kinetische Energie vergrößern. Sie geht mit (Geschwindigkeit)^2, sodass sich letztere verzehnfacht und auf etwa 300 km/s anwächst. Wir landen also mit 300 km/s auf der Sonne. (Nach einer genaueren Rechnung sind es sogar 620 km/s.)

Dies entspricht einer fürchterlichen Hitze, denn bei Zimmertemperatur (= 300K) ist die thermische Geschwindigkeit v der Moleküle $\sim$ 1 km/s. Wie die kinetische Energie geht die Temperatur mit (Geschwindigkeit)^2, somit gilt in geeigneten Einheiten $v^2 = 300$ K. Mit der dreihundertfachen Geschwindigkeit, die unser Testkörper beim Fall auf die Sonne erreicht, gewinnt er eine Temperatur von $300^2 \times 300$ K $\sim 10^7$ K, also zehn Millionen Grad. Nun mag der Leser einwenden, dass die Sonnenoberfläche nur 6000 K hat, aber die ist eben durch den Sonnenschein so abgekühlt. Nur im Inneren gibt es noch diese schrecklichen Temperaturen, die sich aufgestaut haben, als sich die Sonne zusammenballte. Wir können sie zwar nicht direkt messen, aber unsere Neutrinoaugen dringen bis ins Zentrum der Sonne vor. Sie sind auf Temperatur sensitiv, so dass wir heute sicher wissen, dass es dort um die 15 Millionen Grad hat.

Wir müssen jetzt noch abschätzen, wie lange der Sonnenschein braucht, um diese Hitze abzutransportieren. Gemäß der Quantentheorie wollen wir uns den Sonnenschein als Gas von Lichtquanten (= Photonen) vorstellen, von denen jedes eine Energie etwa wie ein Teilchen mit $6000°$ (= Temperatur der Sonnenoberfläche) haben. Die Dichte dieses Gases ist ein Photon pro Wellenlängen-Kubus. Die mittlere Wellenlänge des Sonnenlichts ist 10^{-6}m, somit hat dieser Kubus ein Volumen von $(10^{-6}\text{m})^3$, also ist die Photonendichte auf der Sonnenoberfläche ein Photon pro $(10^{-6}\text{m})^3$. Von hier entströmen sie nun mit Lichtgeschwindigkeit ($300\,000$ km/s). Damit ist schon alles gesagt, denn diese Dichte ist 10^{-10} mal der mittleren Dichte von Materie in der Sonne. Die Energiedichte der Photonen auf der Oberfläche ist aber gegenüber der Energiedichte der Materie im Inneren noch um (Oberflächentemperatur/Zentraltemperatur) $= 10^{-3}$ weiter verringert. Sie ist $10^{-3} \times 10^{-10} = 10^{-13}$ mal geringer als die thermische Energiedichte im Inneren der Sonne. Diese soll der Sonnenschein abtransportieren. Hätte er dieselbe Energiedichte, würde er pro Sekunde dies von einer Schicht der Dicke einer Lichtsekunde tun. Aber er ist um 10^{-13} schwächer und tut dies daher nur von einem Bruchteil 10^{-13}. In 10^{-13} s läuft das Licht etwas weniger als 1/10 mm, so dick ist also die Schicht der Sonnenoberfläche, in der die Energie durch den Sonnenschein pro Sekunde

ins All entweicht. Nun wissen wir schon Sonnenradius =
$100\times$ Erdradius $\sim 10^6$km $= 10^{13} \times 1/10$ mm. Also währt
nach dieser Überlegung das Leben der Sonne 10^{13}s ~ 3
Millionen Jahre. Wir haben zwar das Bild von Photonen
verwendet, aber die Quantenstruktur des Lichtes ist hier
irrelevant, und Lord Kelvin konnte auch ohne sie kein
anderes Resultat bekommen.

Anhang D

Wie viel wiegt die Welt?

Die Antwort ist: nichts. Die negative Gravitationsenergie hebt gerade die positive Ruhenergie der Materie auf, als Ganzes hat der Kosmos Energie und daher Masse Null. Als Hinweis für: Gravitationsenergie = Ruhenergie zeigen wir, dass ein Körper, der in die Welt hineinfällt, durch die Gravitation Lichtgeschwindigkeit erhält.

Der Gedankengang der folgenden Abschätzung ist ganz schlicht. Wir gehen von einem Körper aus, von dem wir die Fallgeschwindigkeit v_U schon ausgerechnet haben. Dann schauen wir, wie viel sein M/R von dem des Weltalls abweicht. Die v bestimmende Formel $v^2 = GM/R$ sagt schließlich, wie sich das v des Alls von dem des Körpers unterscheidet.

Als Vergleichsobjekt diene die Sonne und wir wissen Sonnenradius $= 10^6$ km. Für das ganze Universum haben wir Radius = Lichtgeschwindigkeit mal Alter des Universums, also $R = 3.10^5$ km/s $\times 10^{10}$ Jahre $= 10^{5.5}$ km/s $\times 10^{17.5}$ s $= 10^{23}$ km $= 10^{17}$ Sonnenradius.

Wir hatten für die Geschwindigkeit v_S für den Fall auf die Sonne 300 km/s berechnet. Sie diene als Vergleichsmaßstab, für das gesamte Universum müssen wir nach dem Gesagten mit dem Verhältnis der Massen multipli-

zieren und durch das der Radien dividieren. Daher gelten
folgende Relationen

$$v_U^2 = v_S^2(M_U/M_S)(R_S/R_U) = v_S^2 10^{22} 10^{-17} = v_S^2 10^5,$$

wobei wir mit R_S (bzw. R_U) die Radien von Sonne (bzw.
Universum) bezeichnen. Entsprechendes gilt für die Massen M. Außerdem verwenden wir, dass es im Universum
10^{22} Sterne gibt, und $R_U/R_S = 10^{17}$. Um zu v zu kommen, müssen wir noch die Wurzel ziehen, also einfach die
Exponenten halbieren:

$$v_U = 10^{2.5} v_S = 10^{2.5} \times 10^{2.5} \text{km/s} = 10^5 \text{km/s} \sim c,$$

fast zu schnell für die kosmische Geschwindigkeitspolizei.

Anhang E

Antigravitation am Werk

In Einsteins Theorie kann die Schwerkraft auch abstoßend werden und dann zerstiebt alles.

Um den totalen Kollaps zu vermeiden, gibt es nur den Ausweg, dass $E + 3p$ negativ ist, dann schlägt die Implosion zur Explosion um. Nach Friedmann gilt in der Einstein'schen Theorie für den Weltradius $R(t)$:

$$R''(t) = -R(t)(E + 3p) \ .$$

Wir haben hier unnötigen Ballast an Konstanten durch geeignete Einheiten über Bord geworfen; R'' ist die Beschleunigung, die zweite Zeitableitung von $R(t)$. Wenn du, lieber Leser, im Differenzieren ungeübt bist, dann sei nicht traurig, denn für unsere Zwecke ist es gut genug, wenn wir uns die Ableitung als die Änderung in der Zeiteinheit vorstellen. Letztere ist ja die Planckzeit, und die ist für praktische Zwecke infinitesimal klein. Die Expansionsgeschwindigkeit, die Ableitung von $R(t)$, ist dann $R'(t) = R(t + \frac{1}{2}) - R(t - \frac{1}{2})$, und deren Ableitung, die Beschleunigung

$$R''(t) = R'(t+\frac{1}{2}) - R'(t-\frac{1}{2}) = R(t+1) + R(t-1) - 2R(t).$$

Nach Friedmann muss also

$$R(t+1) + R(t-1) - 2R(t) = -R(t)(E + 3p)$$

für alle Zeiten t gelten. Wenn E und p von der Zeit t unabhängig sind, ist dies mit $R(t) = 10^t R(0)$ zu erfüllen. Indem man dies in die Friedmannsche Gleichung einetzt, bekommen wir

$$10R(t) + (1/10)R(t) - 2R(t) = -R(t)(E + 3p),$$

wobei sich beim Einsetzen $R(0)$ herauskürzt. Somit gilt diese Gleichung für beliebige $R(0)$, falls

$$10 + 1/10 - 2 = -(E + 3p)$$

für die von uns gewählten Werte von E und p zutrifft. Da $10 + 1/10 - 2 > 0$ muss also $E + 3p$ negativ sein; wenn der Zahlwert nicht genau stimmt, kann man dies durch Änderung der Zeitskala korrigieren.

Anhang F

Ein Kugelspiel

Hat ein Ereignis nur zwei Möglichkeiten, so kann man einfach ermitteln, wie der Zufall bei N unabhängigen Ereignissen waltet.

Wer nur an philosophischen Inhalten interessiert ist, kann diesen Anhang schadlos überblättern. Wenn jemand neugierig ist, wie ein Profi an solche Probleme herangeht, kann er hier vielleicht etwas befriedigt werden. Bei z_n geht es um die zahlenmäßige Erfassung der Verteilung von Schwarz und Weiß auf N Kugeln. Die Formel für z_n enthält einen Wust von Faktoren, die man zunächst durch eine geeignete Notation beseitigen muss. Also bezeichne ich das Produkt $1 \cdot 2 \cdot 3 \cdot \ldots \cdot N$ mit $N!$ (gesprochen N-Faktorielle). Um uns mit dieser Schreibweise vertraut zu machen, fangen wir klein an. $1! = 1$, $2! = 2$, $3! = 6$, $4! = 24$, …Wegen $N! = N \cdot (N-1)!$ muss man immer nur das letzte Resultat mit der nächsten Zahl multiplizieren. Definiere ich noch $0! = 1$, dann schreibt sich unsere Behauptung

$$z_n = \frac{N!}{n!(N-n)!},$$

wobei n jede ganze Zahl $0, 1, 2, \ldots, N$ sein kann. Um zu schauen, ob diese Formel stimmt, will ich von den Farben abgehen und die zwei Eigenschaften mit den beiden

Vorzeichen + und - schreiben. z_n ist also die Zahl der verschiedenen Folgen von N Vorzeichen, bei denen n mal ein + und $N - n$ mal ein - vorkommt. Fangen wir wieder klein an.

$n = 0$: Es gibt nur $-$, und daher nur die eine Folge $-, -, -, \ldots -$. Tatsächlich ist $z_0 = \frac{N!}{0! \cdot N!} = 1$.

n=1: Wir müssen ein + einbauen, und das geht auf N Weisen: $+, -, -, \ldots, -$; $-, +, \ldots, -$; $-, \ldots, +, \ldots, -$; $-, -, -, \ldots, +$. Auch hier stimmt die Formel

$$z_1 = \frac{N!}{1!(N-1)!} = N.$$

$n = 2$: Hier geschieht etwas Neues. Man würde meinen, für das erste + gibt es N Plätze und für das zweite dann noch $N - 1$, also insgesamt $N \cdot (N - 1)$ Möglichkeiten. Da haben wir aber alles doppelt gezählt, denn einer Verteilung sieht man ja nicht an, welches das erste + und welches das zweite ist. Etwa die Folge $+, +, -, \ldots, -$ erscheint bei unserer Zählung zweimal auf, einmal indem ich das erste + an die erste Stelle setze und einmal an die zweite. Ich muss also noch durch zwei dividieren, es gibt somit $N \cdot (N - 1)/2$ verschiedene Folgen. Und wirklich, unsere Zauberformel sagt

$$z_2 = \frac{N!}{2!(N-2)!} = \frac{N(N-1)(N-2)!}{2!(N-2)!} = \frac{N(N-1)}{2},$$

wenn ich die Definition der Faktoriellen benütze und das ewige $\cdot$ bei der Multiplikation weglasse.

Wir erkennen schon das allgemeine Bildungsgesetz. Etwa für $n = 3$ gibt es für das erste, zweite und dritte + jeweils N, $N - 1$ und $N - 2$ Positionen, aber Vertauschung der drei + führt auf nichts Neues. Da es für drei Objekte $3! = 6$ Vertauschungen gibt, wird $z_3 = \frac{N \cdot (N-1) \cdot (N-2)}{6}$, und das ist wieder $\frac{N!}{3! \cdot (N-3)!}$. So kommt man für beliebiges n zu

$$z_n = \frac{N(N-1)(N-2) \cdot \ldots \cdot (N-n+1)}{n!} = \frac{N!}{n!(N-n)!}.$$

Um daraus die im Text verwendete Form heraus zu meißeln, müssen wir den Faktoriellen auf den Leib rücken. Wir machen einmal so, als wären in $N!$ alle Faktoren gleich N und schreiben frech $N! = N^N$. Dadurch wird $N!$ natürlich hoffnungslos überschätzt, ein besserer Ausdruck ist $N! = (\frac{N}{e})^N$. $e = 2.7$ ist dabei eine der magischen Zahlen der Mathematik, doch wir brauchen sie nicht, in z_n kürzt sie sich heraus. Wir gelangen so zu $z_n \sim N^N \cdot n^{-n} \cdot (N-n)^{N-n}$, aber das ist noch immer nicht gerade vergnüglich. Also schauen wir, ob sich in der Nähe der Unordnung die Formel lichtet und setzen $n = \frac{N \cdot (1+d)}{2}$, wobei d viel kleiner als eins sein soll. Dann kürzen sich alle N^N weg und es verbleibt nur

$$z_d \sim (1+d)^{\frac{-N(1+d)}{2}} \cdot (1-d)^{\frac{-N \cdot (1-d)}{2}} \cdot 2^N.$$

Noch immer nicht ideal, aber jetzt erinnern wir uns, dass $z_d = z_{-d}$, Schwarz und Weiß sind gleichberechtigt. z_d kann also nur die Potenzen $d^2, d^4, \ldots$ enthalten, und für kleine d kann nur d^2 beitragen. Nun brauche ich noch die für kleine d gültige Zauberformel $(1 \pm d)^N \sim 2^{\pm Ndc}$, wobei c etwa gleich eins ist, um schließlich bei der gewünschten Form zu landen:

$$z_d \sim 2^{\frac{cdN(1-d)}{2} - \frac{cdN(1+d)}{2}} w_0 = 2^{-Nd^2 c} w_0$$

Anhang G

Der Neutrinoregen einer Supernova

Die Neutrinos einer Supernova bilden eine Blase, die sich mit Lichtgeschwindigkeit ausdehnt.

Schauen wir doch, was wir von der Neutrinoflut abbekämen, wäre in unserer Milchstraße eine Supernova, sagen wir 1000 Lichtjahre entfernt. Bis die Neutrinoflut mit Lichtgeschwindigkeit zu uns geeilt ist, bildet sie die Oberfläche einer Kugel mit 1000 Lichtjahren —

$$(10^3 \text{Jahre}) \cdot (10^{7.5} \text{s/Jahr}) \cdot (10^{10.5} \text{cm/s}) = 10^{21} \text{cm Radius}.$$

Die Oberfläche einer Kugel ist $4\pi(\text{Radius})^2$, diese Oberfläche ist somit

$$10 \cdot 10^{21} \cdot 10^{21} \text{cm}^2 = 10^{43} \text{cm}^2 (10 \text{ steht für } 4\pi),$$

und darin stecken alle Neutrinos, die man für die 10^{57} Protonen des Sterns bekommen hat. Ein Neutrino pro Proton gibt also in wenigen Sekunden $10^{57-43} = 10^{14}$ Neutrinos pro cm^2, die 1000–fache Dosis der Sonnenneutrinos, die 10^{11} betrug.

Anhang H

Newtons Vision weitergesponnen

Wir setzen Newtons Extrapolation vom Apfel zum Mond weiter fort, zur Sonne bis ins Zentrum der Milchstraße.

Newtons Erfolg hat die Stimmung soweit angehoben, dass wir auch überprüfen wollen, ob dieselbe Kraft die Erde auf ihre Bahn um die Sonne zwingt. Unser Ziel ist zu schauen, ob die Zentrifugalkraft der Schwerkraft gerade die Waage hält, also unsere Bedingung:

Gravitationsbeschleunigung durch die Sonne = Beschleunigung durch die Sonnenumkreisung

erfüllt ist. Ich schreibe bewusst „unsere", denn nach Newton ist die Bewegung unabhängig von der Erdmasse. Wenn diese Beschleunigung durch die Sonne für uns gilt, dann auch für jedermann. Auch ohne Erde würden wir in einem Jahr die Sonne umrunden. Wenn dem nicht so wäre, würden wir ja die Astronauten auf ihrer eigenen Bahn um die Sonne verlieren, während wir auf unserer Bahn die Sonne umkreisen. Um obige Gleichheit zu überprüfen, wollen wir also nur bei unseren Überlegungen zur Mondbahn wie ein Schüler aus der letzten Bank abschreiben. Wir kontrollieren, ob die Gravitationsbeschleunigung bei der Erdbahn um die Sonne gegenüber der Mondbahn um die Erde um denselben Faktor verändert ist wie die Zentrifugalkraft.

Die linke Seite ist

$$\text{Abstand} / (\text{Umlaufsdauer})^2,$$

und die rechte ist

$$\text{Masse} / (\text{Abstand})^2.$$

Links ergibt sich bei der Bahnbeschleunigung eine Veränderung um das Verhältnis der Abstände mal dem Quadrat des Verhältnisses der Umlaufszeiten, also um

$$\text{(Abstand Erde-Sonne/Abstand Erde-Mond)} \times$$
$$(1 \text{ Jahr/Monat})^2 = 400/144 \sim 2.8.$$

Rechts ändert sich die Gravitationsbeschleunigung um

$$\text{(Sonnenmasse/Erdmasse)} / (\text{Abstand Erde-Sonne} /$$
$$\text{Abstand Erde-Mond})^2 = 10^{5.5}/(400)^2 \sim 2.$$

2 statt 2.8 ist gar nicht so schlecht für eine erste Abschätzung, wenn man die riesigen Unterschiede in den Massen und Abständen bedenkt. Daher werden wir noch verwegener und lassen Newton weit zurück. Wir wollen bis an die Grenze unserer Milchstraße gehen, von der Newton nichts ahnen konnte.

Wir leben in einem Spiralnebel von 10^5 Lichtjahren Durchmesser, und unser Spiralarm umläuft das Zentrum in etwa hundert Millionen Jahren. Auch hier muss die Zentrifugalkraft der Drehbewegung gerade der Gravitationsanziehung die Waage halten.

Vergleichen wir einfach, um wie viel die beiden Kräfte bei der Milchstraße kleiner sind als bei unserer Umkreisung der Sonne.

Ist die Gravitation sogar auf dieser kosmischen Skala dieselbe wie in unserem Sonnensystem, so müssen die beiden Faktoren übereinstimmen.

Die linke Seite:

$$\text{(Abstand Spiralarm-Zentrum / Abstand Erde-Sonne)} \times$$
$$\times \text{(ein Jahr)}/(10^8 \text{ Jahre})^2 =$$
$$= (10^{4.5+7.5}/10^3 \text{ in Lichtsekunden})$$
$$\times (1/10^8)^2 = 10^9 \times 10^{-16} = 10^{-7}.$$

Die rechte Seite:

$$\text{(Masse der Milchstraße / Masse der Sonne) /}$$
$$\text{(Abstand Spiralarm-Zentrum / Abstand Erde-Sonne)}^2$$
$$= 10^{11}/(10^{9.5})^2 = 10^{-8}.$$

Also ganz gleich sind sie nicht, die Gravitation ist etwas zu schwach ausgefallen, aber wir haben ja nur sehr grob gerechnet, wenn man genauer rechnet, wird das schon stimmen. Sollte man meinen, aber dem ist nicht so. Je feiner man rechnet, desto schreiender wird die Diskrepanz. Wir sind daher zur Annahme gezwungen, dass man die meiste Masse nicht sehen kann, sie kommt von einer „dunklen Materie". Dafür gibt es viele Kandidaten: verloschene Sterne, schwarze Löcher, noch unbekannte Teilchen ... aber keiner ist wirklich zwingend.

Anhang I

Die Hausübung des Pfiffikus

Kreuzt man die Bahn eines Planeten, kann man aus dem Sonnensystem geschleudert werden!

Fällt ein Körper aus großer Entfernung zu einem Planeten, beschreibt seine Bahn um ihn eine Hyperbel, wie die Bahn eines Kometen um die Sonne. Wir müssen beim Bremsen versuchen, dass die Richtung der Hyperbelachse in die Richtung der Merkurbahn kommt. Dann wird er vom Merkur mitgezogen und erhält schließlich in dieser Richtung die doppelte Merkurgeschwindigkeit. Dies sieht man folgendermaßen: Wir zerlegen im Allsystem die Geschwindigkeit v_S des Satelliten in die beiden Richtungen parallel und senkrecht zur Merkurbahn. Die beiden Komponenten waren beim Sturz auf die Sonne $(0, v)$. Der Satellit hat daher im Merkursystem die Geschwindigkeitskomponenten $v_S = (-v_M, v)$, daraus wird durch die Begegnung $v_S = (+v_M, v)$, was wieder im Allsystem $v_S = (2v_M, v)$ ergibt. Dies ist in Abbildung I.1 skizziert.

Der Satellit wird hinter dem Merkur herumgezogen, so dass Anziehung wie Reflexion erscheint. Die Begegnung mit dem Merkur wirkt wie die Reflexion an einer bewegten Wand, obgleich die Schwerkraft ja anziehend ist. Hier spottet alles dem gesunden Menschenverstand. Die

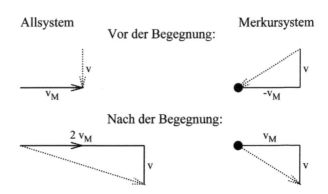

Abbildung I.1: Begegnung von Satellit und Merkur gesehen vom System, in dem das All ruht (Allsystem) und dem System, in dem der Merkur ruht (Merkursystem)

Geschwindigkeit in Richtung Sonne bleibt erhalten, aber durch die Geschwindigkeit in Richtung Merkurbahn komme ich doch an der Sonne vorbei. Ja ich entkomme der Sonne überhaupt! Die Gesamtenergie E des Satelliten ist nach dem Merkurabenteuer laut Pythagoras die Hälfte der Summe der Quadrate der Geschwindigkeitskomponenten und der negativen Gravitationsenergie, also

$$E = \frac{1}{2}(4v_M^2 + v^2) - \frac{GM}{R_M}$$

Die Geschwindigkeit v gewinnt der Satellit durch den Unterschied der Gravitationsenergien von der Sonne an der Erde und an dem Merkur, und lässt sich mit Hilfe des Virialsatzes durch die Planetengeschwindigkeiten ausdrücken:

$$\frac{v^2}{2} = \frac{GM}{R_M} - \frac{GM}{R_E} = v_M^2 - v_E^2 \ .$$

Ersetze ich GM/R_M wieder durch v_M^2 und zählen alles zusammen, so ergibt sich

$$E = 2v_M^2 - v_E^2 \ .$$

Das ist auch die kinetische Energie $v_\infty^2/2$ in Sonnenferne. Nun ist das Verhältnis der Geschwindigkeitsquadrate von Merkur und Erde gerade das Inverse des Verhältnis ihrer Sonnenabstände, welches leicht zu messen ist. Verwende ich diesen empirischen Wert für $v_E^2/v_M^2 = R_E/R_M$, und setze E gleich $v_\infty^2/2$, so finde ich

$$v_\infty = 2v_M (1 - \frac{v_E^2}{2v_M^2})^{1/2} = 1.9 v_M.$$

Das sind etwa $5v_E$ anstelle der lumpigen $1.4v_E$ des Herrn Dozenten. Es ist also viel günstiger, sich zuerst mit dem Merkur einzulassen, als direkt von der Sonne zu fliehen!

Anhang J

Entstehung von Ordnung

Es ist dies die natürliche Verallgemeinerung unserer Spiele, wenn man d Spieler hat und die Veränderung ihrer Vermögen V_i nach beliebig kurzer Zeit t betrachtet. Wir bezeichnen sie mit dem Ausdruck dV_i/dt, und in dieser Dynamik hat er zwei Beiträge: einen positiven, der aus Zuwendungen des Spielers k an den Spieler i besteht und ein vorgegebener Prozentsatz M_{ik} des Vermögens von k ist; die Diagonalelemente M_{ii} ist eine normale Geldanlage des Spielers i. Der negative Beitrag ist eine „Flat Tax", also für alle Spieler derselbe Bruchteil ihres Vermögens, und er ist so bemessen, dass das gesamte im Umlauf befindliche Geld gleich bleibt. Wir nehmen wieder eine Währung, sodass dies 1 ist, also $V_1 + V_2 + V_3 \ldots = 1$. Die zu lösenden Gleichungen sind somit

$$dV_1/dt = M_{11}V_1 + M_{12}V_2 + M_{13}V_3 + \ldots + M_{1d}V_d - {} $$
$$-V_1 f$$
$$dV_2/dt = M_{21}V_1 + M_{22}V_2 + \ldots + M_{2d}V_d - V_2 f$$
$$dV_3/dt = \cdots - V_3 f$$
$$\ldots$$
$$dV_d/dt = M_{d1}V_1 + \ldots M_{dd}V_d - V_d f.$$

Die Flat Tax

$$f = (M_{11} + M_{21} + \ldots + M_{d1})V_1 +$$
$$+(M_{21} + M_{22} + \ldots + M2d)V_2 +$$
$$+ \ldots +$$
$$+(\ldots + M_{dd})V_d$$

ist dabei so bemessen, dass die Summe der V_i gleich 1 bleibt.

Den Laien mag dieser Formelwust erschrecken, doch für die heutigen Computer ist die Lösung dieser Gleichungen eine Frage von Millisekunden. Lösung heißt, die V_i als Funktion der Zeit berechnen $V_i(t)$, wobei die V am Anfang $V_i(0)$ vorgegeben sind. Im Allgemeinen werden die V für große Zeiten einem Grenzwert $V_i(\infty)$ zustreben, der nur von den M_{ik}, aber nicht von den Anfangswerten von V abhängt. Wir bezeichnen, entgegen unserem sozialem Gefühl, eine Verteilung der V geordnet, wenn ein V_i fast an 1 herankommt und alle anderen daher sehr klein sind. Sind alle V etwa gleich, also bei $1/d$, so heißt die Verteilung gemischt. Als Maß für die Mischung verwenden wir wieder die Entropie $S(V) = 1 - V_1{}^2 - V_2{}^2 - \ldots - V_d{}^2$.

In den geordnetsten Fällen – ein V_i gleich 1, die anderen gleich 0 – ist die Entropie gleich 0 und nimmt mit der Unordnung zu, bis sie bei dem gemischtesten Zustand – alle V_i gleich $1/d$ – den Wert $1/d$ erreicht. Für uns ist die wesentliche Frage, ob die Dynamik Ordnung oder Unordnung schafft, also ob $S(V(\infty))$ bei 0 oder bei $1/d$ liegt.

Welches Verhalten ist nun das typische?

Die Evolutionsbiologen meinen, so eine Gleichung schaffe Ordnung. Der zweite Hauptsatz der Thermodynamik verlangt aber, dass S stets zunimmt. Typisch soll heißen, wenn die d^2 Zahlen M_{ik} irgendwelche Werte haben, was häufiger vorkommt. Um das zu sehen, teilen wir das Intervall $0..1$ in tausend Teile und gewinnen so eine Million mögliche Werte für das Paar ik. Dann berechnen wir für diese Million M_{ik} die Zeitentwicklung der V so lange, bis sich ein Grenzwert einstellt. Mit diesen Grenzwerten berechnen wir dann S und bekommen eine Verteilung von S. Der zweite Hauptsatz gewinnt, die Werte von S häufen sich bei $1/d$, und zwar umso ausgeprägter, je größer d ist. Aber wo bleibt das „Survival of the fittest"?

Dazu müssen wir einen Tüchtigsten schaffen, indem wir ein Kastensystem einführen: Ist $i < k$, so gehört k einer höheren Schicht und i ist k Tribut schuldig, nicht umgekehrt. Es wird M dann eine „Dreiecksmatrix" $M_{ik} = 0$ wenn $i > k$. In diesem Fall ist die Dynamik tatsächlich ordnend, S geht meistens gegen Null. Desgleichen wirken die Diagonalelemente M_{ii} ordnend: Wer die günstigsten Konditionen hat, also die größten M_{ii}, hat am Schluss das ganze Geld.

Wie stabil ist aber diese Situation, wie viel an M kann ich von der anderen Seite der Diagonalen beimischen, sodass die Dynamik ordnend bleibt? Die Antwort: Ein paar Prozent. Anders gesagt, Fortuna allein kann nicht Ordnung schaffen, Ordnung muss mit den brutalsten Mitteln erzwungen werden. Gibt es auf beiden Seiten der Diagonale positive Elemente, fließt das Geld in beiden Richtungen, die Vermögensunterschiede gleichen sich aus.

Anhang K

Die Grenzen der menschlichen Vernunft

Wir Menschen stehen alle vor derselben Frage: Wie war es möglich, dass sich aus dem Chaos des Urknalls immer höher organisierte Gebilde entwickelten, die schließlich jenen Geist bekamen, der das Geschehen enträtseln kann. Das Sinnen über diese Frage müsste jeden mit Demut und Respekt erfüllen und ein Band um die Menschheit schlingen. Aber der Stoff ist zu emotionsträchtig, es bilden sich verfeindete Gruppen, jede glaubt, wir sind die Guten, die anderen die Bösen, wir sind die Schlauen, die anderen die Dummen.

Schon bei einfachen Fragestellungen können unüberwindliche Hürden auftreten. Ich will solche Gedankensplitter durch je einen Vertreter des theistischen und des atheistischen Lagers artikulieren lassen. Die Schärfe des Glaubenseifers will ich ihnen allerdings nehmen und aus ihnen gemütliche Kaffeehaus-Philosophen machen. Einigen können sie sich dennoch nicht und stoßen bald an die Grenzen der menschlichen Vernunft.

Szene 1

Ateo: Servus, Teo, wie geht's dir?

Teo: Blendend! Gestern hab ich so ein bisserl philosophiert, und da bin ich darauf kommen, dass es in der Welt einen intelligenten Plan geben muss.

Ateo: Wieso denn?

Teo: Weil das alles so gut zusammenpasst.

Ateo: Aber nein, Plan gibt's doch da keinen, das ist alles nur ein unpersönliches Gesetz!

Teo: So ganz genau kann ich dir da nicht folgen. Was ist ein persönliches Gesetz?

Ateo: Ich werde dir das erklären. Ein persönliches Gesetz ist eines, das ich selber gemacht habe. Daher kann ich es auch abändern wenn's mir nicht mehr passt.

Teo: Also, ein persönliches Gesetz ist daher gar kein Gesetz.

Ateo: So kannst du das sagen.

Teo: Du meinst, bei den Gesetzen gib's unpersönliche Gesetze, die sind wirkliche Gesetze, und alle anderen Gesetze sind gar keine Gesetze.

Ateo: Das ist es.

Teo: Das ist aber eine komische Art der Einteilung. Bleiben wir doch lieber beim Plan.

Ateo: Wenn du unbedingt willst, aber an dem Plan darf dann nichts mehr interveniert oder sonstwie herumgemogelt werden.

Teo: Du meinst, so was gibt's? Da wird ja schon bei den Gesetzen von unseren Politikern dauernd interveniert und novelliert, weil immer alles nicht so ganz funktioniert.

Ateo: Bei den Naturgesetzen gibt's das nicht. Da muss es schon auf den ersten Anhieb gehen.

Teo: Das muss aber ein fürchterlich intelligenter Plan sein, dass da gleich allein durch Zufall so was Intelligentes wie wir herauskommt.

Ateo: Wenn du immer noch was korrigieren oder nachjustieren musst, dann ist dein Plan eben doch nicht so intelligent!

Teo: Dann bist das eigentlich du, der an den wirklich intelligenten Plan glaubt. Aber haben wir nicht gerade noch das Umgekehrte gesagt?

Szene 2

Theo: Gestern bin ich darauf gekommen, dass unsere Naturgesetze vielleicht gar nicht so unpersönlich sind.

Atheo: Wie denn das, hast du am Ende deinen Herrgott gesehen, wie er angeschafft hat?

Theo: Ich weiß nicht, aber ich hab mit dem Herrn Quantinger ein bisserl geredet, und der hat mir gesagt, das, was bei seinen Messungen herauskommt, kann man im Voraus gar nicht sagen.

Atheo: Ja, hat der keine tüchtigen Leute, die ihm das ausrechnen können?

Theo: Das geht nicht, hat er gesagt, weil das, was herauskommt, hängt davon ab, was er messen wird, und das überlegt er sich noch.

Atheo. Und deswegen glaubst du, das ist ein persönliches Gesetz?

Theo: Sehr unpersönlich klingt das nicht.

Atheo: Nur weil sich der Quantinger aussuchen kann, was er misst? Der ist ja nicht der Herrgott.

Theo: Es geht nicht um die eine Messung. Überall gehen ja Wechselwirkungen vor sich, und überall muss dann frisch entschieden werden, wie es weitergeht.

Atheo: Wenn du von deinem Herrgott verlangst, dass er das alles macht, dann hast du ihm ja was Schönes angetan. Jedes Teilchen in der Welt hat vielleicht jede Nanosekunde eine Wechselwirkung, und weil es rund zehn hoch achtzig Teilchen auf der Welt gibt, müsste er jede Sekunde fast zehn hoch neunzig Entscheidungen treffen. Deswegen ist er vielleicht so überfordert und kann hier nicht richtig Ordnung machen!

Theo: Das können wir halt nicht verstehen. Aber wer immer da Entscheidungen trifft, irgendwie muss doch berechnet werden, wie es weitergeht. Diese Vorhersagen sind ja nicht so leicht, und wo ist der Supercomputer, der pro Sekunde diese zehn hoch neunzig Rechnungen macht?

Szene 3

Atheo: Ich hab da unlängst was von einem Engländer gelesen, der hat es euch schön hineingesagt. Der hat bewiesen, wie schädlich die Religion für die Wissenschaft ist: Wenn man sagt, das hat der liebe Gott so gemacht, dann gibt's nämlich nichts mehr herumzufragen.

Theo: Warum eigentlich nicht?

Atheo: Weil die müssen ja immer das letzte Wort haben.

Theo: Man muss ja nicht reden dabei. Aber wenn ich so einen schönen alten Holzschnitt betrachte, und mir sagt wer, das hat der Dürer gemacht, dann fange ich erst recht an, mir das genauer anzuschauen und nachzumessen, damit ich herausfinde, warum er so schön ist.

Anhang L

Büchertipps vom Autor

John D. Barrow, *Warum die Welt mathematisch ist,*
ISBN 423305703, Dtv., 1996.

John D. Barrow und Joseph Silk, *Die linke Hand der
Schöpfung,* ISBN 3827405262, Spektrum Verlag, 1999.

John D. Barrow and Frank J. Tipler, *The Anthropic
Cosmological Principle,* ISBN 0192821474, Oxford
University Press, 1988.

Arnold Benz und Samuel Vollenweider, *Würfelt Gott?.*
ISBN 3491724392, Patmos, 2003.

Harald Fritzsch, *Vom Urknall zum Zerfall,*
ISBN 3492027903, Piper, München, 1999.

Brian Greene, *Das elegante Universum,* ISBN 3442760267,
Berliner Taschenbuch Verlag, 2002.

Alan H. Guth, *The Inflationary Universe,*
ISBN 009995950X, Vintage, 1998.

Stephen W. Hawking, *Die illustrierte kurze Geschichte
der Zeit,* ISBN 3499614871, Rowohlt Tb., 2002.

Andrei D. Linde, *Inflation and Quantum Cosmology,*
ISBN 0124501451, 1990.

Roger Penrose, *Das Große, das Kleine, und der menschliche Geist,* ISBN 3827413311, Spektrum Akademischer Verlag, 2002.

John C. Polkinghorne, *The Faith of a Physicist (Theology and the Sciences),* ISBN 0800629701, Augsburg Fortress Publishers, 1996.

Lee Smolin, *Warum gibt es die Welt?,* ISBN 3423330759, Dtv., 2002.

Kip S. Thorne, *Gekrümmter Raum und verbogene Zeit,* ISBN 342677240X, Droemer Knaur, 1996.

Steven Weinberg, *Die ersten drei Minuten,* ISBN 3492224784, Piper, 1997.

Index

Uran, 20
Urbantke, 37
Urknall, 58, 60, 209

Villars, 83
virtuelle Teilchen, 81
von Laue, M. (1879–1960), 159

Wagner, R. (1813–1883), 18
Wegener, A. (1880–1930), 76
Weidl, T., 152
Wheeler, J. A., 35
Wigner, E. (1902–1995), 163
Wigner-Gitter, 163
Wood, R., 153

Yang, C. N., 98

Zentrifugalkraft, 177
Zustand, 63, 216